Gerd Oberdorfer

Phänomenale Mathe-Magie

Experimente aus dem Bereich der Mathematik

Technorama – Zytglogge – Werkbuch

Dieses Buch kam in Teamarbeit zustande, in fast gleicher Besetzung wie schon beim Buch "Das springende Ei".

Mein herzlicher Dank geht an:
Karl Moser und Karl Graf,
Markus Tobler,
Werner Geiger und Ignaz Kölbener,
an die Statisten und Helfer
Karin und Michael,
Christof, Emanuel und Melina
und natürlich ganz besonders an
meine Frau Beatrice.

Auch die Mitarbeiter vom Technorama der Schweiz in Winterthur haben entscheidende Hilfe geleistet:
Rudolf Rüetschi,
Hermann Schäublin
und Remo Besio, Direktor des Technorama.

2. Auflage 1999

Lektorat	Hugo Ramseyer
Fotos	Gerd Oberdorfer und Technorama
Titelfoto	Gerd Oberdorfer
Satz und Layout	Gerd Oberdorfer, Zytglogge Verlag Bern
Druck	AZ Druck und Datentechnik GmbH, Kempten

ISBN 3-7296-0469-4

Zytglogge Verlag Bern, Eigerweg 16, CH-3073 Gümligen

Inhaltsverzeichnis:

Symbole

Schwierigkeitsgrade

Realisierbar im Haus

Realisierbar im Freien

Tastsinn

Sehsinn

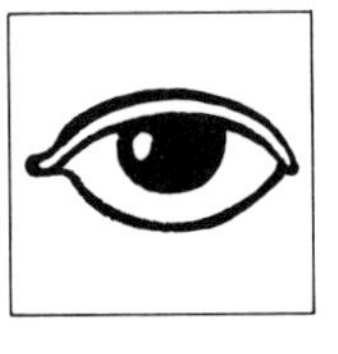

Objekt im Technorama ausgestellt

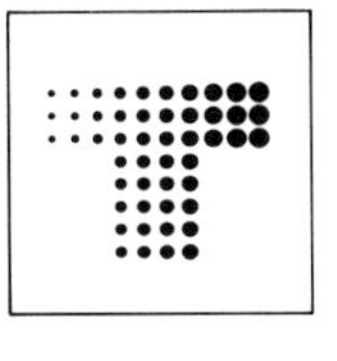

Alle mit dem Technorama-Symbol gekennzeichneten Experimente sind ganzjährig im Technorama in Winterthur ausgestellt. Sie werden über die Ausstellungsdauer hinaus in die Permanent-Ausstellung übernommen.

Vorwort

Die jährlich stattfindenden Sonderschauen und die Permanent-Ausstellungen im Technorama Winterthur stossen auf grosse Beachtung. Immer mehr Besucherinnen und Besucher wollen sich mit der jeweiligen Thematik intensiver auseinandersetzen. Die Institution "Museum" genügt in ihrer bisherigen traditionellen Auffassung längst nicht mehr. Auch ein technisches Museum ist ein Ort, an dem immer "etwas los sein" sollte: Ein Freizeit- und Erholungsraum mit breitem Themenangebot für alle, selbstverständlich auch für Kinder.
Ein lebendiger Bezug zum Museum wird deshalb wichtiger denn je, da die Museen einen ganz neuen Stellenwert in der geschichtlichen Ueberlieferung und im Erleben einnehmen. Der Museumspädagoge Manfred Vogt beschreibt die Grundsätze heutiger Museumspädagogik so:
"Die Dinge müssen vermittelt werden durch Herzeigen, Anschauen, Anfassen, Erzählen, darüber Sprechen, dann werden sie im wahrsten Sinne des Wortes handlich und begreiflich." Und zwar müssten möglichst alle Sinne angesprochen werden.
Vom Grundprinzip her haben sich mittlerweile drei Schritte museumspädagogischen Vorgehens auf der ganzen Welt herauskristallisiert:
- die personale Betreuung
- die Vertiefung durch Medien
- das Zusammenführen der Erfahrungen des Besuchers im Museum mit seiner Lebenswirklichkeit.
Gerade hier ist der schöpferische Nachvollzug nicht weniger wichtig als die persönliche Stellungnahme zu aktuellen Entwicklungen. So kann ein Exponat zum Beispiel eine Problemlösung erst "sichtbar" machen, oder den "persönlichen Vergleich" mit der eigenen Umwelt empfinden lassen.

In diesem Sinn bietet dieses Buch Vorschläge und Anregung, über den Besuch der Ausstellung hinaus, um sich mit dem Thema auseinanderzusetzen.
Der praktische Teil der "Phänomenalen Mathe-Magie" umfasst Versuche und Experimente, die ganz unterschiedlich und frei anzuwenden sind, vom Sinneserlebnis bis zur Veranschaulichung von hochkomplizierten Vorgängen.
Die einzelnen Arbeitsblätter können allein oder in Gruppenarbeit, im Freien oder im Atelier verwendet werden.
Das vorliegende Buch ist ein Sachbuch naturwissenschaftlicher und technischer Experimente, das in der Tradition des tschechischen Didaktikers, Universalgelehrten und Schulmanns Johan Amos Comenius (1592-1670) steht. Er wünschte sich: "dass alles, was gelehrt wird, nicht auf Umwegen, sondern im direkten, unvermittelten Zugang zu den Dingen dargebracht werde. Statt durch das Nachsagen von Texten und Formeln unterrichten, sollte der Lehrer den Stoff mit anschaulichen Demonstrationen und Versuchen an den Schüler bringen."

Unser Buch richtet sich nicht zuletzt an all die vielen "Nicht-Mathematiker", die Mathematik mit unguten Gefühlen verbinden, die in der Mathe-Stunde oft einen Absteller erlebten. Ein Streifzug durch die "Phänomenale Mathe-Magie" bewirkt nämlich das Gegenteil: es wird zu einer spannenden Sache, möglicherweise zu einem Aufsteller.

Warum "Phänomenal"? Weil die Exponate zum Mitspielen, zum Experimentieren und Probieren geradezu einladen. Weil Mathematik sich hier in greif- und auch begreifbaren Strukturen äussert. Weil es anstelle anstrengender Geistesakrobatik Aha-Erlebnisse am laufenden Band gibt. Einige Experimente mit Anleitung, einige hantierbare Phänomena-Objekte vermögen schon den Erstklässler, ja gar aufgeweckte Kinder im Vorschulalter, zu fesseln. Die Angst und das Misstrauen machen dann der Faszination Platz.
Beim spannenden Streifzug durch wundersame Strukturen und verblüffende Mechanismen lassen sich ganz nebenbei mathematische Kenntnisse auffrischen oder neu erwerben, z.B. mit unterhaltsamen Experimenten, Puzzles und witzigen Partnerspielen.
Was wir anstrebten, ist eine Art "Pop-Mathik" im Freizeit-Look, keine Geistesakrobatik, aber eine geballte Ladung lehrreicher Einsichten und amüsante Erlebnisse.
Ein Kabinett illusorischer Figuren z.B. zeigt, wie uns die eigene Wahrnehmungsfähigkeit oft zum Narren hält.
"Vom Zylinder zum Hyperboloid ... zum beweglichen hyperbolischen Paraboloid": Was sich wie (verwirrendes) Fachchinesisch anhört, wird beim Verdrehen und Bewegen der Fadenmodelle zum vergnüglichen und einprägsamen Lernerlebnis.

Man trifft beim Durchblättern auf Geometrie- und Logikspiele, den topologischen Knacknüssen für Profis. Zumeist aber geht es ums Probieren und Experimentieren, um das kombinatorische Spiel, das schon erstmalig Albert Einstein für "einen der wesentlichsten Faktoren produktiven Denkens" hielt.

Gerd Oberdorfer

Gebrauchshinweise für Lehrer:

Die "Phänomenale Mathe-Magie" richtet sich an alle Schulstufen. Ganz bewusst verzichten wir jedoch auf allzu rezepthafte Hinweise. Der praktische Teil soll frei und nach Belieben verwendet werden. Alle Experimente können *sinnlich* erlebt, sie können hinterfragt werden, und man kann sogar komplexe Berechnungen damit anstellen.
Die einzelnen Blätter dürfen kopiert und die Aufgaben können vom Schüler selbständig gelöst werden. Die Aufgabe der Lehrerin oder des Lehrers besteht im Bereitstellen des Materials und der Hilfeleistung bei der Durchführung. Sinn und Zweck wäre allerdings, dass die Schüler selbständig die Versuche durchführen und durch eigene Erfahrung erleben, wie ein Experiment funktioniert.

Gebrauchshinweise für alle:

Die Blätter im praktischen Teil sind normiert und nach einem einheitlichen System aufgebaut.
Die Kopfzeile enthält die Symbole:

Schwierigkeitsgrade

Ein Punkt bedeutet: ganz einfach durchzuführen, mit Material, das im Haus oder im Schulzimmer vorhanden ist.

Zwei Punkte bedeuten: eine gewisse Vorbereitung ist notwendig, z.B. müssen bestimmte Materialien eingekauft werden.

Drei Punkte bedeuten: schwierig, ohne Hilfe durch einen Fachmann fast nicht zu lösen oder zumindest mit einiger Vorarbeit verbunden.

Das Haus symbolisiert Versuche, die im Zimmer durchgeführt werden können.

Die Sonne zeigt Versuche an, die sich auch als Pausenplatzgeräte eignen.

Technoramasymbol
Ein grosser Teil der Experimente kann im Technorama ausprobiert werden. Sie sind Bestandteil der permanenten Ausstellung ab 1994.

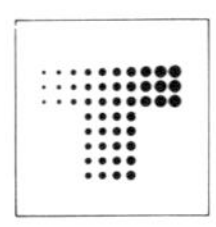

Sinnessymbole

Die Hand: Tastsinn: alle handwerklichen, spürbaren, fühlbaren und berührbaren Versuche.

Das Auge: Sehsinn: alle optischen Versuche.

Der Fachbereich: Als Oberbegriff wird das Thema angezeigt: Mechanik, Optik, Spiegelungen.

Der Titel sagt schon etwas über das Experiment selber aus. Er soll animieren und die Neugier wecken.
Vier jeweils identische Untertitel stehen auf jedem Blatt:

Material: Liste der benötigten Materialien.

Vorbereitung: Beschreibung der Arbeiten, die vor dem Experiment getätigt werden müssen.
Experiment: Beschreibung der Durchführung des Versuches.
Erklärung: Verständnishilfe für den Versuch, versehen mit Hintergrundinformationen.

Das Bild beweist, dass der Versuch durchführbar ist. Allerdings kann das Gelingen manchmal von Kleinigkeiten abhängen, von der Qualität des Materials beispielsweise. Oft sind auch Geduld und Uebung nötig.

Ein bestimmter Teil der Experimente ist jederzeit im Technorama zu sehen und zu be-greifen. Ein anderer Teil der Sonderschau "Phänomenale Mathe-Magie" ist ins Buch aufgenommen worden, obwohl die Exponate nicht mehr ausprobiert werden können. Sie wurden aber so genau wie möglich beschrieben, damit sie in jeder Schul-Werkstatt nachgebaut werden können. Einzelne Experimente, die das Thema abrunden oder vertiefen, sind ausschliesslich im Buch zu finden.
Die einzelnen Bereiche erheben absolut keinen Anspruch auf Vollständigkeit. Es sind ausgewählte Beispiele, die anregen sollen, ähnliche Experimente selber zu finden und auszuprobieren. Es braucht für die meisten Experimente kein Fachwissen, sondern ein bisschen Mut und Neugierde.

Viel Spass!

Die neue Welt der entfaltbaren Architektur

Diese ausfaltbare Kugel von Chuck Hoberman aus New York ist weltweit das zweite Exemplar einer solchen Struktur. Sie wandelt sich in ihrer Grösse um den Faktor 4 (von ca. 70 cm auf über 2.80 m), im Rauminhalt um nahezu das 70fache.

Bemerkenswert und einmalig dabei ist: Die Kugel bleibt Kugel während des ganzen Ausdehnungsvorganges.

Die harmonisch-fliessende Bewegung ist mit veränderlicher Beschleunigung programmiert. Je nach Tempo erinnert sie an ein Feuerwerk, dann wieder an ein quallenartiges, langsam pulsierendes oder atmendes Lebewesen.

Nicht nur für Ingenieure ist auch die Tatsache interessant, dass die Maschine während der ganzen Expansion statisch belastbar bleibt.

Die Kugel wiegt 22 kg und besteht aus 480 Alu-Hebeln in Flugzeugbau-Qualität. Die Bewegung erfolgt über 160 Nabenstücke und 960 Verbindungsbolzen. Diese laufen in Lagern aus rostfreiem Stahl. Selbstschmierende Kunststoffscheiben (auf Lebensdauer geschmiert) nehmen Reibkräfte auf.

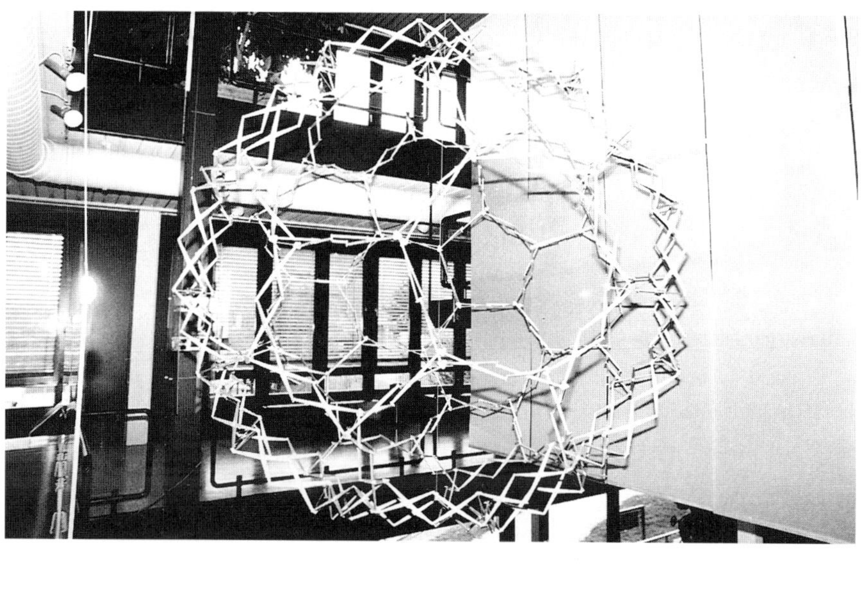

Geschichten aus der Mathematik

Mathe-Stunden zählen meist nicht zu den beliebtesten Fächern in der Schule. Kunststück, üblicherweise wird die Auseinandersetzung mit Zahlen als sehr trokkene Materie dargeboten. Das muss nicht so sein, denn Mathematik ist mehr als Rechnen.

Allein schon die Definitionen, die Mathematik umschreiben, sind vielfältig genug. Die mathematischen Wissenschaften unterscheiden grundsätzlich zwischen Elementar-Mathematik und höherer Mathematik und werden dann in Algebra, Analysis und Geometrie eingeteilt. Die Vielfalt ist unglaublich, und kaum jemand kennt all die Begriffe:

Zur Algebra gehören: die Arithmetik, Kombinatorik, Zahlentheorie, Gruppentheorie, Körpertheorie, Invariantentheorie, Galoissche Theorie, Lineare Algebra, Darstellungstheorie und Mengenlehre.

Zur Analysis gehören: die Differentialrechnung, die Integralrechnung, Differenzenrechnung, Reihenlehre, Funktionentheorie, Differentialgleichungen, Integralgleichungen, Variationsrechnung und Potentialtheorie.

Zur Geometrie gehören: die Planimetrie, Trigonometrie, Stereometrie, Analytische Geometrie, Geometrie, Darstellende Geometrie, Axiomatik, Nichteuklidische Geometrie, Projektive Geometrie, Algebraische Geometrie, Differentialgeometrie und die Topologie.

All dies hat den Menschen in der Urzeit wohl kaum gekümmert. Aber irgendwann kam er auf den Gedanken zu zählen, und damit begann die Geschichte der Mathematik. Irgendwann, vermutlich mehr als Spiel, so wie man das auch bei kleinen Kindern beobachten kann, hat sich der Urzeitmensch mit seinen Fingern beschäftigt und dabei eine erstaunliche Entdeckung gemacht: Er hatte nicht nur an beiden Händen gleich viele Finger. Auch an seinen Füssen entdeckte er dieselbe Anzahl wieder. Schliesslich sah er auch bei seinen Artgenossen das gleiche Wunder. Auch sie besassen ebenso viele Finger und Zehen.

Das spielte sich vielleicht vor etwa 300 000 Jahren vor unserer Zeitrechnung ab, also noch vor der Erfindung der Sprache. Es kann aber auch sein, dass die Zählerei erst vor 35 000 Jahren losging, gleichzeitig mit dem Beginn der Höhlenmalerei. Damals fing der Mensch an, sich seiner Beobachtungen und Ideen bewusst zu werden.

Eine vergleichbare Entwicklungsstufe kann man heute bei Kindern zwischen dem fünften und siebten

Das erste Zahlenbild des Menschen: Die fünf Finger der Hand

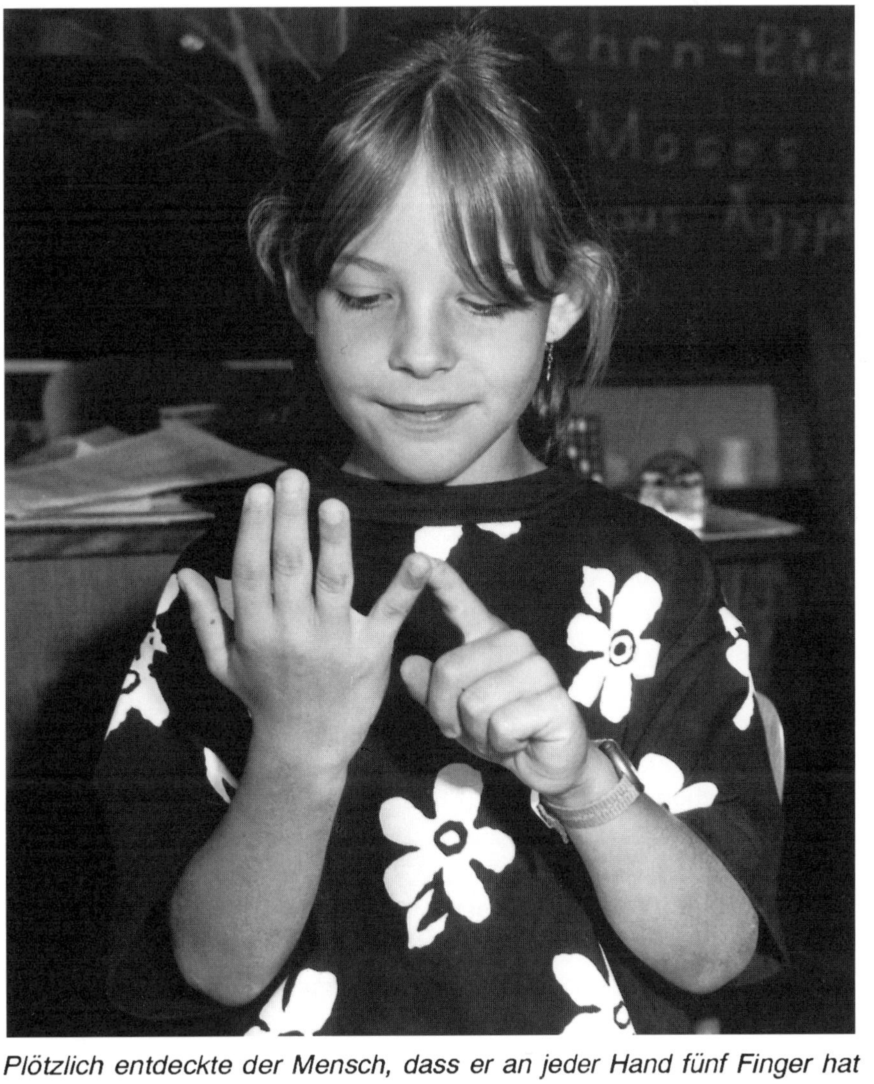

Plötzlich entdeckte der Mensch, dass er an jeder Hand fünf Finger hat und an jedem Fuss fünf Zehen.

Lebensjahr beobachten. Auf ihren Bildern und Zeichnungen tauchen zum ersten Mal Menschen auf, deren Hände fünf Finger haben. Erst jetzt nimmt das Kind zählbare Dinge bewusst wahr. Vergleicht man die Bilder mit denen von Drei- bis Fünfjährigen, wird das noch deutlicher. Die Menschen haben auf den Bildern zwei Arme und Beine, die Hände haben aber meist die Form eines Rechens, an dem eine Vielzahl von Fingern aufgereiht ist.

Eine ähnliche Beobachtung kann man bei der Höhlenmalerei machen. Neben detailgetreuen Tierfiguren tauchen vereinzelt Menschendarstellungen auf, bei denen die Hände manchmal drei, vier, fünf oder mehr Finger aufweisen. Nur langsam scheint sich die Zahl fünf bei den prähistorischen Künstlern durchgesetzt zu haben.

Kleine Kinder zeichnen Menschen mit einer Vielzahl von Fingern. Im Alter von 3 bis 5 Jahren haben sie noch keinen konkreten Zahlenbegriff.

Die ersten Rechentafeln

Etwa vor 10 000 Jahren, zu Ende der Jungsteinzeit, haben sich die Menschen konkret mit Zahlen auseinandergesetzt. Man fand Tierknochen mit eingeritzten Kerben, die von den Historikern als primitive "Rechentafeln" angesehen werden. Zu diesem Schluss führte die Tatsache, dass in die Knochen nicht einfach Kerbe neben Kerbe geritzt wurde. Sie sind vielmehr in geordneten Gruppen aneinandergereiht, die eine Art mathematisches System erkennen lassen. Ein System, das es bereits ermöglichte, auch mit relativ grossen Zahlen zu rechnen.

Das hatte schon einen ganz realen Hintergrund. So mussten zum Beispiel die damaligen Hirtenvölker, deren Herden immer grösser wurden und die sich gegen Viehdiebe und Raubtiere zu wehren hatten, den Ueberblick über den Tierbestand behalten. Nur wenn man zählen konnte, liess sich der Besitz eines Stammes kontrollieren und vergrössern.

Erst wenn man zählen kann, kann man seinen Besitz kontrollieren und ihn vergrössern.

Wenn man mit anderen Stämmen friedlichen Tauschhandel treiben wollte, so ging das nur mit einem Umrechungssystem, das beide Partner gerecht behandelte. Man musste also nicht nur zählen, sondern auch rechnen, und zwar mit Zahlen, für die die Finger beider Hände nicht mehr ausreichten.

Wie die "höhere" Mathematik steinzeitlicher Hirtenvölker ausgesehen haben könnte, schliessen die Forscher unter anderem aus dem Verhalten heutiger Naturvölker. Bei einigen von ihnen setzen sich drei Mann in einer Runde zusammen, wenn mit grossen Zahlen gerechnet werden muss. Einer der drei Männer ist mit seinen zehn Fingern für die Zahlen eins bis zehn zuständig. Zählt er über die Zahl zehn hinaus, beginnt die Arbeit für den zweiten Mann. Jeder seiner Finger hat den Zahlenwert zehn. Das bedeutet: Streckt er fünf Finger aus, ist die Zahl fünfzig gemeint, hat er die Finger beider Hände abgezählt, ist die Zahl hundert erreicht. Nun hilft der dritte Rechner weiter. Seine Finger haben jeweils den Wert hundert, alle Finger zusammen den Wert tausend. Obwohl sich diese Zähl- und Rechenmethode mit der Idee, die dahintersteckt, so einfach beschreiben lässt, vollzog sich damit eine gigantische Revolution im menschlichen Denken. Denn drei Menschen, die zusammen nicht mehr als dreissig Finger haben, können mit diesem Trick bis zur Zahl 1110 zählen. Hatten die drei Rechner alle Finger ausgestreckt, bedeutete das zehn mal hundert, plus zehn mal zehn, plus zehn mal eins. Wie durch ein Wunder hatten sie durch die primitivste Form der Multiplikation einen riesigen Zahlenraum erobert.

Aus Bildern wurden Zahlen

Aus dieser genialen Idee leitet sich auch die Mathematik der ersten menschlichen Hochkulturen ab. Das zeigen Ausgrabungen der Archäologen in Aegypten und an Euphrat und Tigris, der Heimat der Sumerer und Babylonier. Schon 3000 Jahre vor unserer Zeitrechnung hatten die Aegypter ein Zahlensystem entwickelt, das dem Fingerrechnen der Naturvölker auf ganz erstaunliche Weise gleicht.

Die Multiplikation mit zehn wurde durch unterschiedliche Kennzeichen dargestellt. Die Zahlen eins bis neun wurden mit einfachen Strichen dargestellt, so wie die Kerben auf den steinzeitlichen Knochenfunden. Für die Zahl zehn aber hatte man ein neues Zeichen erfunden: Es war ein Bügel, der dem Joch der ägyptischen Ochsengespanne glich. Wollte man zum Beispiel die Zahl neunzig schreiben, malte man einfach neun solcher Bügel nebeneinander. Zehn Bügel für die Zahl hundert, das wäre nun auch für die Aegypter zu umständlich geworden. Dafür verwendeten sie ein drittes Zeichen, eine schnekkenförmige Schnurrolle, wie man sie häufig zur Landvermessung gebrauchte.

Mit den drei Zeichen hätten sich nun, wie mit der Fingermethode, 1110 verschiedene Zahlen darstellen lassen. Aber in einem hochzivilisierten Weltreich, wie es Aegypten zur damaligen Zeit war, wäre man mit einem derart begrenzten Zahlenreservoir niemals zurande gekommen. Da Tausende von Menschen auf engstem Raum zusammenlebten, musste man die Vorratswirtschaft einführen, Steuern einziehen und Verwaltungsbeamte bezahlen. Besitzverhältnisse und Erbschaften waren zu regeln. Riesige Bauwerke, wie Wohn- und Befestigungsanlagen, Dämme und Bewässerungssysteme, mussten am Nil genau berechnet werden.

Je grösser die Städte wurden und je mehr Menschen innerhalb ihren Mauern wohnten, umso zielstrebiger musste man den Ausbau der Landwirtschaft vorantreiben, um Hungerkatastrophen vorzubeugen. Die Landvermessung nach den alljährlichen Nilüberschwemmungen erforderte komplizierte Berechnungen geometrischer Flächen. Ebenso war man gezwungen, jeden Tag des Erntejahres optimal zu nutzen. Das bedeutete: genaue Kalenderberechnungen.

Schon 3000 Jahre vor unserer Zeitrechnung hatten die Sumerer ihr Jahr mit 360 Tagen festgelegt, was eine beachtliche mathematische Leistung darstellte. Noch genauer war der Kalender der Aegypter: Ihr Jahr hatte zu jener Zeit bereits 365 Tage.

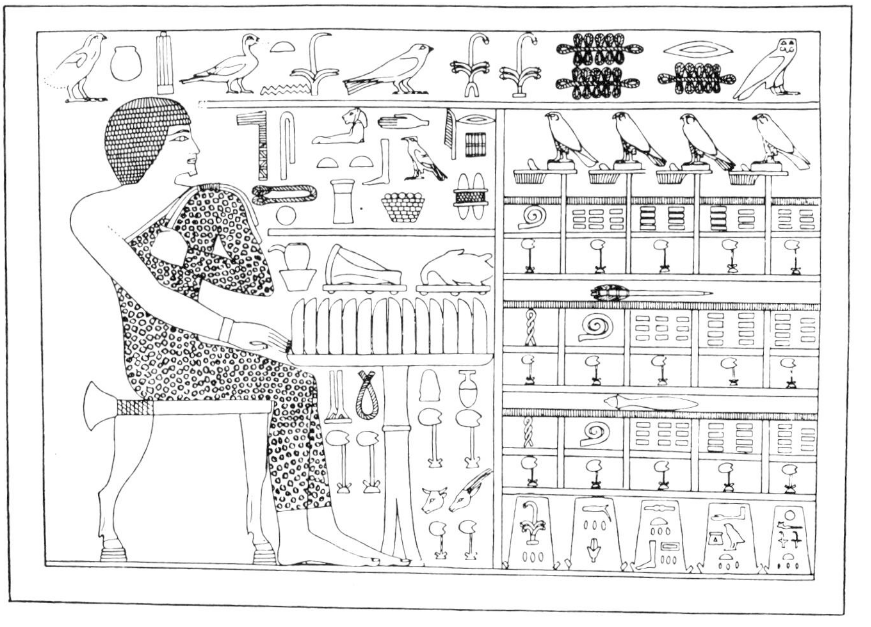

Speisetischszene mit Opferliste, Stoffen und Getreide in Giza, 4. Dynastie.

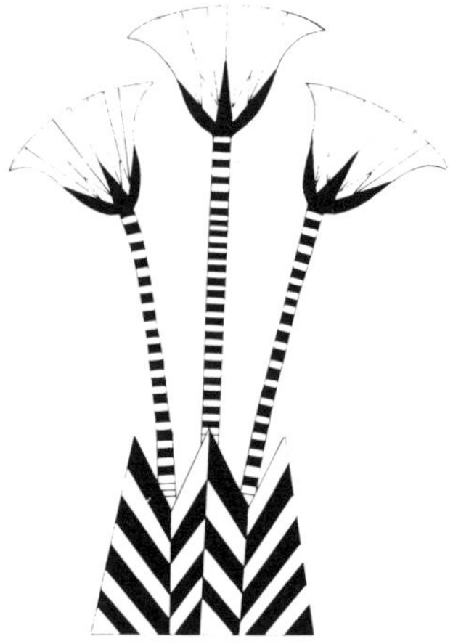

Lotosblüten symbolisierten die Zahl 1000.

Verschiedene Darstellungen von Schilfrohr. Schilfrohrkolben standen für die Zahl 10 000.

Die Eidechse bedeutete "viel". Für die grösste Zahl, mit denen im alten Aegypten gerechnet wurde, stand der Frosch.

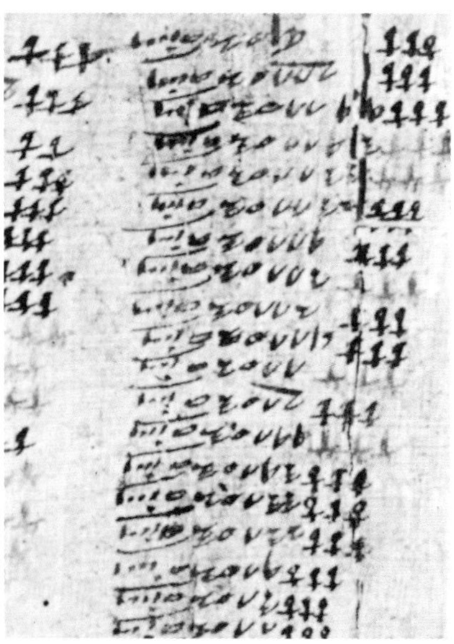

Kalenderliste mit "glücklichen" und "unglücklichen" Tagen des Jahres.

Die Zahl 365 auf altägyptisch zu schreiben, war relativ einfach. Man reihte an drei schneckenförmige Rollen sechs Bügelzeichen und daran fünf Striche. Wie aber schrieb man die Tausender? Man führte konsequent die Bildersprache weiter und erfand ein neues Zeichen: eine stilisierte Lotosblüte, die am Nil häufig vorkam und die zum Sinnbild des Ueberflusses geworden war. Noch dichter aber wuchsen an den Ufern des mächtigen Stroms Schilfkolben. So wurde der Schilfkolben zum Zeichen für die Zahl 10 000.

Die grösste Zahl für die Aegypter war 100 000 – dargestellt durch einen stilisierten Frosch. Der Grund dafür war einleuchtend: Frösche waren in Oberägypten eine schlimme Plage. Schon im Alten Testament (Zweites Buch Mose 8.2) findet sich ein Dokument dieser frühen Umweltkatastrophe: "Aaron streckte seine Hand über die Gewässer Aegyptens aus, da kamen so viele Frösche heraus, dass sie das ganze Land bedeckten."

Neun Frösche in einer Reihe bedeuteten 900 000.

Reihte man neun Schilfkolben hinzu, ergab das 990 000, neun weitere Lotosblüten danebengestellt 999 000.

Wollte man die Zahl 999 999 komplett machen, kamen noch neun schneckenförmige Schnurrollen, neun Ochsenbügel und neun Einerstriche hinzu. Zusammen ergab das 54 Zeichen, die ein ägyptischer Mathematiker zu Papyrus bringen musste. Was er sich dabei lediglich zu merken hatte, waren die sechs verschiedenen Zeichen, aus denen alle Zahlen zusammengesetzt waren.

Ein neues System

Noch trickreicher gingen die Sumerer und nach ihnen die Babylonier zu Werke. Sie hatten für ihre Mathematik und vor allem für ihre astronomischen Berechnungen neben einem Dezimalsystem ein zusätzliches System erfunden, das Sexagesimalsystem. So wie man im Dezimalsystem zuerst einmal bis neun zählte, um dann mit der Zahl zehn zu einem neuen Zeichen zu springen, zählten die Babylonier in Einerschritten bis zur Zahl 59. War die Zahl 60 vollständig, wurde dafür in der nächsthöheren Zahlengruppe eine Eins angeschrieben, bei weiteren 60 eine Zwei. War man in dieser Zahlengruppe bei 59 angelangt, musste wiederum eine höhere Zahlengruppe vorgeschaltet werden, in der nun die Eins 60 mal 60, also 3600 darstellte. Wollte ein Babylonier z.B. unsere Dezimalzahl 36 863 in seinem Zahlensystem niederschreiben, hiess das 10 14 23. Das bedeutete 10 mal 60 x 60, plus 14 mal 60 plus 23. Ergebnis: 36 863.

Auf den ersten Blick ist diese Rechnung etwas verwirrend. Aber bei einem Gedankensprung zeigt sich, dass wir mit der Denkweise der alten Babylonier verblüffend einfach zurechtkommen: Wenn wir zum Beispiel auf die Uhr sehen und feststellen, es ist 10 Uhr, 14 Minuten und 23 Sekunden. Wollten wir nachrechnen, wie viele Sekunden seit Mitternacht vergangen sind, dann würden wir nach der vorher dargestellten Umrechnung wieder auf die Zahl 36 863 kommen. Ebenso geht es heute noch allen Astronauten, Seeleuten und Piloten, wenn sie mit Grad, Bogenminuten und Bogensekunden rechnen. Sie verwenden das Zahlensystem der Babylonier.

Die Zahl 0

Die Berechnungen durch die Dezimalzahlen sind vereinfacht dargestellt. Aber die Ausgrabungen der Archäologen zeigen, dass die Babylonier intelligent genug waren, dieses Sechzigersystem auf ein noch einfacheres Zahlensystem zurückzuführen: Sie verwendeten in diesem System nur zwei Zeichen, einen senkrechten Keil für die Eins und einen Winkelhaken für die Zehn. So schrieben sie für die Zahl 59 lediglich fünf Winkelhaken und neun Keile aneinander. Für die Zahl sechzig kam dann ein Einserkeil in die nächsthöhere Zahlengruppe. Dort wo die Zahl 59 gestanden hatte, liess man einen Zwischenraum. Er bedeutete die Zahl Null. Das hatte oft schlimme Folgen: Der Zwischenraum wurde leicht übersehen, und so kam es immer wieder zu Rechenfehlern. Spätere Keilschrifttafeln zeigen, dass man auch dieses Problem erkannt hatte. Für die Null wurde ein eigenes Zeichen eingeführt, das einem "M" ähnelte. Leider geriet diese Erfindung wieder in Vergessenheit, und es dauerte mehr als ein Jahrtausend, bis die Null im arabischen Zahlensystem wieder auftauchte.

In der babylonischen Zeit, hier beim Turmbau von Babel, mussten Rechenschüler bis 60 x 60 im Kopf rechnen können.

Rechnen ein Privileg

Warum geriet so viel von der Mathematik dieser ersten Hochkulturen in Vergessenheit? Wie kam es zu ihrem Niedergang? Zum einen, weil sich die Mathematik zu einem hochspezialisierten Wissenszweig entwickelt hatte, der die Fähigkeiten des damaligen Normalmenschen überstieg. Die profane Mathematik wurde von beamteten Rechenmeistern betrieben, Astronomie, Kalenderberechnung und die damit verbundenen astrologischen Berechnungen waren den Priestern vorbehalten.

Welch hohe Anforderungen das Sexagesimalsystem an die Ausbildung der Mathematiker stellte, zeigt ein Fund, den amerikanische Archäologen um die Jahrhundertwende in Nippur machten. Sie hatten bei der Ausgrabung am Stufentempel des Bél (dem babylonischen Turm) auch das Schulgebäude und die Bibliothek der Priesterschule freigelegt. Dabei stiessen sie auf Tausende von Tontafeln, die Aufschluss darüber gaben, wie damals ein babylonischer Rechenschüler ausgebildet wurde. Die Schüler wurden mit höchster Perfektion auf ihr Zahlensystem gedrillt. Unter anderem mussten sie nicht nur, wie wir, das kleine Einmaleins büffeln. Ihr "Einmaleins" ging viel weiter, bis zur Zahl 60 und sogar darüber hinaus.

Ein guter babylonischer Rechner hatte also nicht nur, wie wir, die Einmaleins-Ergebnisse bis neun mal neun, sondern bis 59 mal 59 im Kopf. Wollte man grosse Zahlen im Sexagesimalsystem ohne umständliche Zwischenrechnungen multiplizieren oder dividieren, kam man ohne diese Kopfrechenakrobatik nicht aus. Verständlich, dass solche Rechenkünste bei der breiten Masse nicht populär werden konnten.

Nicht anders erging es den Menschen in Europa noch vor wenigen Jahrhunderten. Der einfache Mann rechnete mit Fingern, Steinen und Kerbholz. Multiplikationen und Einmaleins wurden an den Hochschulen gelehrt, und die Division galt sogar unter den Gelehrten als höchste Kunst der Mathematik.

In einem seiner Rechenbücher, dem "Coss", das Adam Riese im 16. Jahrhundert veröffentlichte, schreibt der Rechenmeister über die Multiplikation:

"Heysset vil machen und leret wie mann ein Zal mit ir oder einer anderen vilfertigen sol. Zum multiplicirn gehörn zwo Zalen, eine die

Bis zur Zeit von Adam Riese blieb das Rechnen in Europa den Gelehrten an Hochschulen vorbehalten.

multiplicirt würdt, die ander dadurch mann multiplicirt. Die multiplicirt sol werden soltu aufflegen die ander für dich schreiben zu öberst anheben ..."

Der Grund, warum sich der Rechenmeister mit der Erklärung seiner Kunst soviel Mühe machte, ist ebenfalls aus dem "Coss" zu erfahren:

"... damit der arme gemeyne Mann nicht übersetzt (betrogen) werde."

Welch starken Eindruck die Künste des Adam Riese auf den gemeinen Mann machten, zeigte der Erfolg seiner Rechenbücher. Sein Hauptwerk "Rechnung auff der Linihen und Federn / Auff allerley handthirung" erlebte bis 1650, also fast hundert Jahre nach dem Tod von Adam Riese, über 60 Auflagen.

Rechnung auff
der Linihen vnd Federn/
Auff allerley handthirung gemacht/
durch Adam Risen.

zum andern mal vbersehen
vnd gemehret.
Anno M. D. XXXij.

Dieses Buch machte Rechnen erst richtig populär. Es erreichte über 60 Auflagen. (um 1532)

Die arabischen Ziffern

Es gab aber noch einen zweiten Grund, warum die Rechenkunst mit dem Beginn der Renaissance im Abendland einen so ungeheuren Aufschwung nahm. In den Kontoren der Kaufleute, die mit Arabien und Indien Handel trieben, hatte man herausgefunden, dass das Zahlensystem der neuen Handelspartner den bisher meist verwendeten römischen Ziffern haushoch überlegen war. Diese "arabischen Ziffern" mit ihrem raffinierten Stellensystem machten die gefürchtete Buchhaltung im alten Stil zu einem Kinderspiel.

Warum das so war, können Psychologen jedoch erst heute genau erklären: Mathematik, wenn auch in Form von Zahlen, ist gleichzeitig die Kunst, mit optischen Mustern und Bildern umzugehen. Mathematik haben wir quasi immer geistig vor Augen, als Kleinkind in Form von Fingern und Klötzchen, später in Form von Zahlenbildern.

Aus Tests weiss man aber inzwischen, dass der Mensch ein Zeichen, zum Beispiel ein Zahlenbild, das aus mehr als sieben Bestandteilen (Ziffern) aufgebaut ist, nicht auf einen Blick erfassen und im Kurzzeitgedächtnis weiterverarbeiten kann. Telefonnummern mit mehr als sieben Ziffern oder Sätze mit mehr als sieben Wörtern – so zeigen die Tests – bereiten uns ganz erhebliche Schwierigkeiten. Grosse Zahlen, wie zum Beispiel die Milliarde – eine Eins mit neun Nullen – übersteigt schon unser Vorstellungsvermögen.

Das macht auch verständlich, warum unser Zahlensystem dem der alten Aegypter und Babylonier so haushoch überlegen ist. Wenn wir zum Beispiel mit sechs Ziffern die Zahl 999 999 aufs Papier schreiben, so hatte dafür der ägyptische Mathematiker 54 Zeichen aneinanderzureihen.

Ein solches Zahlenbild ist auf einen Blick unmöglich zu erfassen und im Kurzzeitgedächtnis zu speichern. Die Zahl 999 999 auf babylonisch: Im Sechzigersystem als 4 37 46 39 aufgeschlüsselt, hatte in Keilschrift noch immer 36 einzelne Zeichen. Zwar ist das einfacher als 54 ägyptische Zeichen, unser Kurzzeitgedächtnis würde da aber immer noch streiken.

Verständlich, warum das Zahlensystem, mit dem unsere modernen Computer rechnen, für uns Menschen zwar einsichtig, aber gefühlsmässig nicht mehr überschaubar wird. Der Computer, der alle Zahlen nach dem Binärsystem aus den beiden Zeichen "Null" und "Eins" zusammensetzt – im Prinzip kennt er nur die beiden Schalterstellungen "geschlossen" und "geöffnet" –, würde die Dezimalzahl 999 999 mit zwanzig Ziffern darstellen. Sie lautet dann:

11110100001000111111.

Mathematik ist trotz aller Zahlenakrobatik für uns Menschen das geistige Verarbeiten von leicht überschaubaren Bildern. So wie das Kind eines Tages die fünf Finger einer Hand bewusst als Zahlenbild erkennt, so scheinen schon die alten Griechen vor zweieinhalbtausend Jahren erahnt zu haben, dass man komplizierte Mathematik in eine anschauliche Bildersprache übersetzen muss.

Die Gesetzmässigkeiten

Griechenland 600 Jahre vor unserer Zeitrechnung: Handelsstädte an der Küste Griechenlands und Kleinasiens sorgen im östlichen Mittelmeer für eine wirtschaftliche und kulturelle Blüte. Die Feudalsysteme der Babylonier und Aegypter mit ihrem riesigen Beamtenapparat haben an Bedeutung verloren. Griechische Kaufleute und Gelehrte unternehmen zum ersten Mal Bildungsreisen in grossem Stil. Sie entdekken an den Tempelschulen des Vorderen Orients und Aegyptens einen ungeahnten Schatz an mathematischem Wissen.

Was jedoch die Begeisterung der Besucher dämpfte: Die überlieferten Rechenkünste glichen einem Sammelsurium. Nach dem Verständnis der Griechen fehlte

dem Ganzen ein logischer Aufbau, aus dem sich, vom Einfachen zum Komplizierten fortschreitend, alles ableiten liess. Man hatte sich darauf beschränkt, das Wissen rezeptartig, ja als eine Art Geheimwissenschaft, an die Schüler weiterzugeben.
Für die griechischen Gelehrten war das unbefriedigend. Sie wollten nicht nur wissen, "wie" man ein Ergebnis erreichte, sie wollten darüber hinaus vielmehr einsichtig machen, "warum" ein bestimmtes Ergebnis zustandekam. Sie wollten Beweise, die komplizierte Zahlenakrobatik überflüssig machten.

Euklid von Alexandria

Thales von Milet und Euklid von Alexandria

Als Begründer der mathematischen Wissenschaft in diesem revolutionären Sinn gilt heute Thales von Milet, der im sechsten vorchristlichen Jahrhundert lebte. Ihm war es gelungen, mit einer neuen Methode die wichtigsten Lehrsätze der babylonischen und ägyptischen Mathematik zu beweisen. Ausgangspunkt für diese Revolution des mathematischen Denkens war die Geometrie. Die Lehre der Formen und Figuren stand in einem traditionellen Zusammenhang mit der künstlerischen Neigung der Griechen. Sie suchten im Bildhaften alles auf die einfachsten Elemente, wie Punkte, Geraden, Dreiecke und Proportionen zurückzuführen und daraus alle höheren mathematischen Erkenntnisse abzuleiten.
So bestand zum Beispiel die griechische Methode, den Flächeninhalt eines Kreises zu berechnen, darin, ihn als Summe

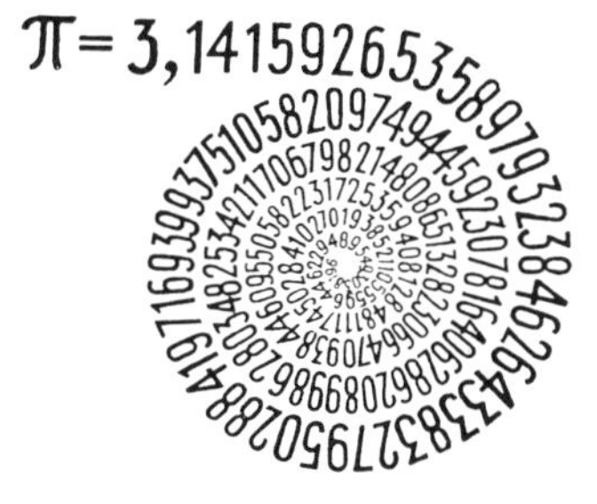

Die Kreiszahl Pi auf 200 Stellen ausgerechnet.

vieler schmaler Dreiecke, die um den Kreismittelpunkt wie die Stücke einer Torte angeordnet waren, zu bestimmen. Die einzelnen Dreiecksflächen liessen sich leicht berechnen, und summierte man alle Flächen, erhielt man einen Näherungswert für die Kreisfläche.
Dabei ging man von folgender Ueberlegung aus: Je schmaler die Dreiecke waren, das heisst, wenn man den Kreis aus unendlich vielen hauchdünnen Tortenstücken zusammensetzte, musste man schliesslich bei der genauen Kreisfläche und der Kreiszahl Pi (3,14 ...) landen.
Das berühmteste Werk der griechischen Mathematik, das durch seine Wiederentdeckung in der Renaissance diese Entwicklung nachhaltig beeinflusste, waren die "Elemente" des Euklid von Alexandria. Er lehrte um 300 vor Christus.
Mit Hilfe einfacher geometrischer Figuren, wie Geraden, Winkel, Parallelen und Kreise, für die der Gelehrte unumstössliche Voraussetzungen, sogenannte Axiome und Postulate, aufstellte, erschloss er systematisch fortschreitend fast den gesamten Wissensschatz der damaligen Zeit. Er schuf eine riesige Mathematiksammlung, die aus 13 Büchern bestand. Beeindruckend an seiner Methode war: Ausser Zirkel und Lineal waren (und sind) keine Hilfsmittel erlaubt.
Warum die griechische und vor allem die Mathematik von Euklid bis heute so hochmodern geblieben ist: Sie übersetzt abstrakte Logik in eine anschauliche Bildersprache. Und diese Bilder helfen uns gleichsam als geistige Orientierungstafeln, wenn wir mit unserem Verstand sicheren Boden verlassen und in einen abstrakten Zahlenkosmos vordringen.
Die neue Erkenntnis, dass sich schwierigste mathematische Probleme und Gleichungen in eine Bildersprache und umgekehrt Bilder in Zahlen zurückverwandeln lassen – sei es bei der komplizierten Flugbahn einer Rakete oder bei der Darstellung einer Wirtschaftsbilanz –, nahm dem Menschen die Scheu vor einer zwar bewunderten, aber auch gefürchteten Wissenschaft. Mathematik, die wir uns bildhaft vorstellen können, führt zurück in eine vertraute Dimension. Denn im Grunde unseres Herzens rechnen wir noch immer, wie wir das einmal gelernt haben, mit Fingern und Klötzchen.

Archimedes spricht den berühmten Satz: "Störe mir meine Kreise nicht."

Die magische Kraft der Zahlen

Die Welt der Zahlen und der Mathematik ist die Welt des Verstandesmenschen. Gefühle, Emotionen oder religiöse Vorstellungen haben hier keinen Platz. Beide Welten, die Gefühls- und die Verstandeswelt, erscheinen uns als zwei Dimensionen, die sich miteinander nicht in Einklang bringen lassen.
Ist dem wirklich so?
In der Welt der steinzeitlichen Jäger gab es erste primitive Kalenderberechnungen. Der Jäger verliess sich offenbar nicht nur auf den Jagdzauber, den er mit seinen Tierbildern beschwor, er wollte auch den Zusammenhang zwischen den Jahreszeiten und dem Auftreten der Tierherden, auf die er Jagd machte, ergründen.
Kalenderrechnung aber bedeutete das Beobachten des Sternenhimmels mit den auffallenden Bahnen von Sonne und Mond. Natürlich hatte der Urmensch keine Vorstellung von den Gesetzen der Himmelsmechanik. Die wohlige Wärme und das Licht der Sonne, aber auch Blitz und Donner kamen vom gleichen Ursprungsort, dem Firmament. Was sich in diesem unergründlichen Himmelsgewölbe abspielte, bedeutete Segen und Fluch zugleich. Der Kampf der Götter und Dämonen war mit dem Schicksal des Menschen verflochten.

In der Folge wurde das Beobachten des Himmels und die Kalenderberechnung zu einer kultischen Handlung. Liess sich der Wille der Götter ergründen, war man nicht mehr ohnmächtig den Schicksalsmächten ausgeliefert. Man konnte die Götter, das war eine tiefe menschliche Ueberzeugung, durch Opfer und Beschwörung beeinflussen. Denn gegen eines wehrten sich die Menschen mit aller Leidenschaft: gegen den blinden Zufall, der zur Ohnmacht verdammt.
Wenn sich eine überirdische Botschaft aus den Berechnungen der Gestirne ableiten liess, mussten dann nicht auch die Zahlen, mit denen man rechnete, eine tiefere Bedeutung in sich tragen? Musste man nicht bestimmte "göttliche Zahlen" in den Bildern des Himmels wiederentdecken?
Eigentlich sollte man glauben, dass es die Zahlen fünf oder zehn waren, nach denen die alten Astronomen Ausschau hielten. Diese Zahlen, die der Urmensch an seinen Händen entdeckte, wurden in fast allen Kulturkreisen als Dezimalsystem unsterblich. Wichtig waren diese Zahlen ohne Zweifel auch für die ägyptischen und babylonischen Gelehrten, aber eine göttliche Abstammung konnten sie in ihnen nicht entdecken.
Die Zahl sechzig hatte allerdings eine sonderbare Stellung. Sie wurde nicht nur als Basis für eines der wichtigsten babylonischen Zahlensysteme verwendet, sie gewann auch die Liebe der Astronomen. Das hatte einen mythologischen und einen praktischen Hintergrund: Beim Erstellen der Himmelskarten musste man das Firmament in gleiche Abschnitte unterteilen. Die Zahl zehn hatte dabei einen entscheidenden Nachteil: Sie besitzt nur die Teiler zwei und fünf. Die Zahl sechzig hingegen die Teiler zwei, drei, vier, fünf, sechs, zehn, zwölf (die Zwölf war auch wegen der Tierkreiszeichen wichtig), fünfzehn, zwanzig und dreissig.

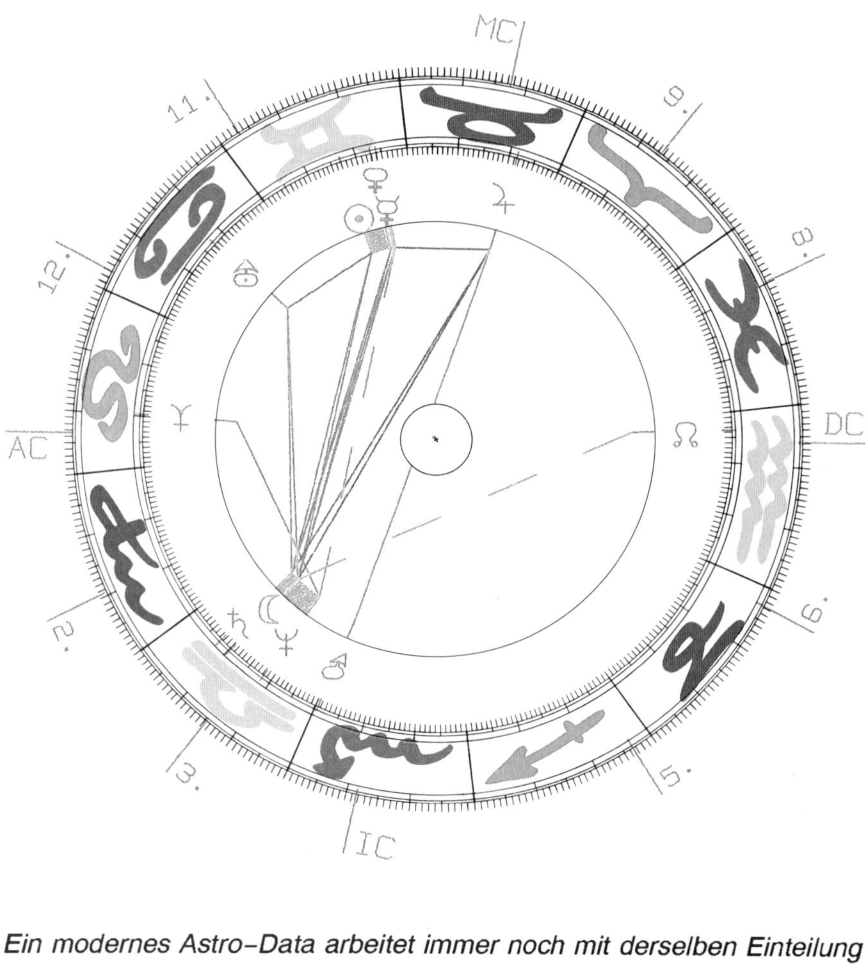

Ein modernes Astro-Data arbeitet immer noch mit derselben Einteilung und den bekannten Sternzeichen.

Astronom

Damit konnte man das Himmelsgewölbe unvergleichlich einfach in Sektoren gleicher Grösse zerlegen und - was noch wichtiger war - mit dem Lauf der Gestirne in Einklang bringen: Der babylonische Kalender wurde ebenfalls auf das Sechzigersystem abgestimmt. Das Jahr hatte 360 Tage.
Die "wahrhaft göttliche Zahl" der Astronomen hatte mit dieser mehr praktisch orientierten Rechenkunst wenig zu tun. Sie war unnahbar, passte in kein Zahlensystem und liess sich auch durch keine andere Zahl teilen.
Gemeint ist die Sieben. Wie hatte man sie entdeckt? Den Astronomen waren zwei Arten von Gestirnen aufgefallen. Die einen blieben scheinbar unverrückbar an das Firmament gekettet, während sich die anderen langsam fortbewegten. Die anderen, die "Wandelsterne", zogen am Himmel frei ihre Bahn. Sie waren nicht von den himmlischen Mächten gefesselt, sondern verkörperten selbst die göttliche Macht über das Schicksal der Menschen.
Da neben Sonne und Mond nur die mit dem blossen Auge sichtbaren Planeten Merkur, Venus, Mars, Jupiter und Saturn als Wandelsterne bekannt waren, spiegelten diese sieben Himmelskörper die göttliche Weltordnung wider. Kein Zufall, dass unsere Planeten noch heute die Namen alter Götter tragen.
Wer nun die "göttliche Zahl" mit heidnischem Aberglauben abtun möchte, der sollte nicht vorschnell urteilen. In der Schöpfungsgeschichte steht: "Und Gott segnete den siebten Tag und heiligte ihn, darum dass er an demselben geruht hatte von allen seinen Werken ..."
Natürlich finden sich in der Heiligen Schrift auch die Zahlensymbole 10 und 12. So gibt es zehn Gebote, zehn ägyptische Plagen, zwölf Stämme Israels und zwölf Apostel. Wer sich aber die Mühe macht, das Alte und Neue Testament nach Zahlensymbolen aufzuschlüsseln, wird eine erstaunliche Entdeckung machen. Die Zahl sieben taucht mehr als eintausendmal auf.
Die sieben Todsünden, die sieben Weltwunder, die sieben Sakramente, die sieben Meere - die Sieben zieht sich über die Bibel hinaus gleichsam wie ein magisches Band durch unser Leben.
Thales von Milet ging als einer der "sieben Weisen" in die Geschichte Griechenlands ein.
Sein Wissen, das er von seinen Reisen aus dem Vorderen Orient mitgebracht hatte, wurde zur Ausgangsbasis seiner Naturphilosophie. Was ihn und seine Kollegen aber von den Gelehrten in Babylon und Aegypten unterschied: Sie stellten deren mystischen Weltbildern rationale Erklärungen gegenüber. Sie wollten die Welt nicht nur mit dem Eingreifen mächtiger Gottheiten erklären, sondern fragten, ebenso wie wir das heute tun, nach Ursache und Wirkung in der Natur.
Man experimentierte mit verschiedenen mechanischen Modellen des Weltalls. Zum ersten Mal tauchten Begriffe wie Materie, Kraft und Energie auf. Zwar wis-

Astro-Analysen

***Merkur** ist der Planet des Verstandes und der Fähigkeit zur Kommunikation und der Sprache.*

***Venus** symbolisiert Harmonie, Schönheit, Grazie, Zartheit, Empfindsamkeit und Charme.*

***Mars** ist Energie und Tatkraft, Mut und Kühnheit, aber auch Gedankenlosigkeit und Gewalt.*

***Jupiter** regiert den glücklichen Zufall, Frohsinn, Gesundheit, Reichtum und Optimismus.*

***Saturn** schafft Einschränkungen und zeigt die Grenzen der menschlichen Existenz auf.*

sen wir heute, dass diese Gedankenmodelle noch weit von der Realität entfernt waren, aber sie machen deutlich, welcher Umbruch in den Köpfen der Menschen stattgefunden haben muss. Die vormals übermächtigen Götter bekamen einen neuen Platz in einer neuen Weltordnung.
War das die Geburt des "Verstandesmenschen" und das Ende der himmlischen Gottheiten?
Die Antwort klingt unmathematisch: ja und nein. Als die Menschen des ausgehenden Mittelalters die Schriften der Antike wiederentdeckten, wurde ihnen bewusst, mit welchen geradezu revolutionären Ideen sich die griechischen Wissenschaftler beschäftigt hatten. Im Vergleich dazu war das Weltbild der mittelalterlichen Gelehrten beinahe vorbabylonisch.
Ihre Mathematik beschränkte sich auf Zahlenmystik, das Berechnen von Kirchenfesten und einige sehr einfache Rechenverfahren, bei denen schon die Teilung zu den hohen Künsten zählte.
Wie kam es, dass viele der hochmodernen wissenschaftlichen Erkenntnisse über mehr als ein Jahrtausend aus dem Bewusstsein der Menschheit verdrängt

Pythagoras

"Sphärenharmonie"

worden waren? Die Antwort führt wieder einmal in die tiefsten Winkel unseres Bewusstseins. Dort war bei den alten Griechen der unerklärliche, aber so menschliche Widerspruch beheimatet. Neben dem rein auf Vernunft begründeten Mathematikverständnis wurden sie von der Idee einer mythologischen, ja überirdischen Mathematik gefesselt.
Ihr Begründer war der Gelehrte Pythagoras von Samos. Er hatte, nach langen Studienreisen im Orient, in Kroton, einer griechischen Kolonie in Süditalien, eine Mathematikerschule gegründet. Neben der Mathematik lehrte er seine Schüler die Verehrung der Zahlen und den Glauben an Wiedergeburt und Seelenwanderung. Jede Entdeckung musste als Urheber die "Pythagoräische Bruderschaft" ausweisen.

Zahlen in der Musik

Nach Ansicht der Pythagoräer beruhte das ganze Universum auf Zahlen. Alle geraden Zahlen waren nach ihren Vorstellungen weiblich, alle ungeraden Zahlen männlich. Ausnahme: die Eins, die man als Erzeugerin aller Zahlen ansah. Woher kam dieser Glaube an die Macht der Zahlen?
Bei der Untersuchung der Tonleiter und der musikalischen Harmonien hatte man entdeckt, dass die Töne in einem ganzzahligen Verhältnis zueinander standen. Verkürzte man die Saite eines Musikinstruments im Verhältnis 2:1, erhielt man die Oktave. Alle anderen Tonschritte wie Quart oder Quint bestanden ebenfalls aus einem ganzzahligen Verhältnis der Saitenlängen.
Von dieser Entdeckung aus gelangte man schliesslich zu der Ueberzeugung, dass alle Harmonie in der Natur, aber auch im Kosmos auf dem Verhältnis ganzer Zahlen beruhen musste. Selbst die Bahnen der Planeten mussten dieser ganzzahligen "Sphärenharmonie" gehorchen. Was lag für Mathematiker näher als der Glaube, dass diese Harmonie auch in der Geometrie gelten müsse?
Ironie des Schicksals: Gerade der Pythagoräische Lehrsatz sollte den Glauben der Pythagoräer erschüttern. Sie entdeckten nämlich, dass die Diagonale in einem Quadrat mit der Seitenlänge "eins" den ominösen Wert "Wurzel aus zwei" ergab. Das bedeutete, man musste eine Zahl oder einen Bruch aus ganzen Zahlen finden, der mit sich selbst multipliziert den Wert zwei ergab.
So sehr man sich auch mühte, es gab keinen Bruch, der diese Bedingung erfüllte, und so gab man der Entdeckung den Namen "irrationale Zahl". Für uns ist die Bezeichnung "irrational" (unlogisch) längst nicht mehr einsichtig, zumal man weiss, dass es in unserem Zahlensystem unendlich viele irrationale Grössen gibt.
Die Pythagoräer sahen das anders. Sie wollten ihre Entdeckung um jeden Preis geheimhalten. Ja, sie stellten den Verrat unter Strafe. Als der Pythagoräer Hipparchos, der es gewagt hatte, seine Erkenntnisse über diese Zahlen

zu veröffentlichen, bei einem Schiffbruch ums Leben kam, wurde sein Tod von den Ordensbrüdern als gerechte Strafe Gottes angesehen.

Und genau hier, so die Historiker, schliesst sich der Kreis zum mittelalterlichen Verständnis der Mathematik. Der mythologische Teil, der sich vom Glauben an eine überirdische Zahlenharmonie ableitete, blieb in der Lehre des Christentums erhalten, während der wissenschaftliche Teil immer mehr in den Hintergrund trat.

Johannes Kepler (1571-1630)

Keplers Raketenbahnen und die Unendlichkeit

Welch geistiges Ringen es bedeutete, sich aus dieser Weltsicht zu befreien, führt uns die Lebensgeschichte des Astronomen und Mathematikers Johannes Kepler (1571-1630) vor Augen. Sein Glaube an ein harmonisches Universum, in dem sich alle Planeten nach pythagoräischem Verständnis nur in idealen Kreisbahnen bewegen sollten, liess ihn bei seinen Berechnungen immer wieder scheitern. Den Gedanken, dass sich die Himmelskörper auf "unvollkommenen" Bahnen bewegen könnten, wies er von sich. Unmöglich, dass Gott, der grosse Geometer, eine unvollkommene Welt erschaffen hatte.

Erst als sich Kepler durchrang, über die Grenzen eines mythologischen Weltbilds hinauszudenken, gelang es ihm, die astronomischen Entdeckungen mit seinen Berechnungen in Einklang zu bringen. Er bewies, dass die Planeten auf elliptischen Bahnen die Sonne umrunden.

Wurde dadurch unser Universum entmystifiziert? Nein, keineswegs. Noch heute, im Raumfahrtzeitalter, stellen die Wissenschaftler nicht ohne Bewunderung fest, dass jeder Satellit, jede Raumsonde genau den Gesetzen der Himmelsmechanik folgen, die Kepler vor fast 400 Jahren entdeckte.

Doch nun zur "Zahl der Zahlen", die den Menschen mit unvergleichlicher Macht in ihren Bann zog, seit er sich mit Mathematik beschäftigt: die Zahl "unendlich". Er will zu den Grenzen vorstossen, wo sich der Uebergang zur Unendlichkeit vollzieht.

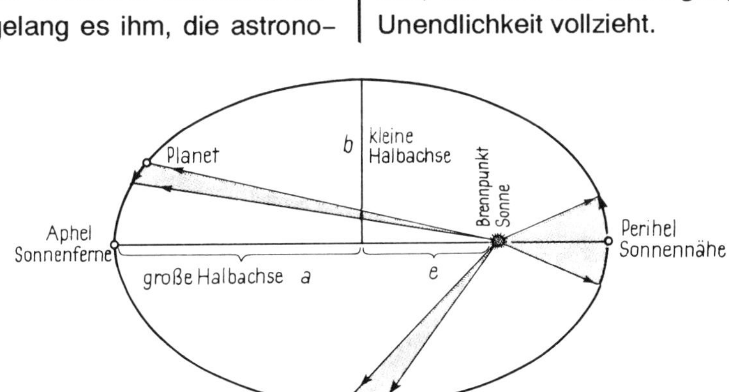

Kepler-Ellipse

Gibt es diese Zahl wirklich, ist sie nicht vielmehr ein unerfüllbarer Traum? In unserer realen Welt, darüber waren sich die Mathematiker einig, wird es das Unendliche nicht geben. Nimmt man zum Beispiel die Gesamtzahl der im überschaubaren Universum existierenden Elementarteilchen - Protonen, Neutronen und Elektronen -, so kommt man zwar auf die grosse, aber doch relativ bescheidene Zahl 10 hoch 80.

Als der griechische Gelehrte Archimedes in seinen berühmten Sandrechnungen den Versuch machte, die Zahl der Sandkörner zu ermitteln, die im Universum Platz hätten, kam er auf die Dimension 10 hoch 63 und musste denjenigen widersprechen, die behauptet hatten, eine solche Zahl liesse sich nicht mehr darstellen, sie sei unendlich gross.

Mit solchen Beweisen gaben sich nicht alle Mathematiker zufrieden. Das Unendliche musste nach ihrer Meinung nicht in einer realen Welt vorhanden sein, es musste vielmehr denkbar sein, als Möglichkeit existieren.

Nehmen wir zum Beispiel die Vorstellung, die nicht nur die griechischen Gelehrten wie Anaxagoras oder Aristoteles, sondern auch die neuzeitlichen Mathematiker wie Carl Friedrich Gauss oder Georg Cantor, der Erfinder der Mengenlehre, vom Unendlichen hatten: Es genügte ihrer Meinung nach, an die Reihe der natürlichen Zahlen immer wieder den Wert eins anzufügen. An jeden neuen, noch so grossen Zahlenwert musste sich wiederum eine Eins anfügen lassen, bis in alle Unendlichkeit. Genauso war es möglich, den Raum zwischen zwei Zahlen in immer kleinere Abschnitte zu zerlegen.

Auch das Teilen liess sich endlos fortsetzen.

Es gab also die Unendlichkeit,

Mit dieser Zahl wurden tatsächliche Rechenoperationen durchgeführt, es ist eine Zahl mit 28 Nullen. In viel grössere Dimensionen kann man gar nicht vorstossen, weil alle Teilchen auf dieser Welt nur die relativ bescheidene Summe von 10 hoch 80 ergeben.

wenn der menschliche Verstand sie erschuf. So wie man sich die Dimension "Zeit" in ihrer Unendlichkeit vorstellen kann, lässt sich auch eine unendliche Zahlenwelt erdenken und - was geradezu unvorstellbar klingt - auch berechnen. Hermann Weyl, einer der grössten Mathematiker unseres Jahrhunderts, war sogar davon überzeugt, dass der Mittelpunkt aller Mathematik die "Wissenschaft vom Unendlichen" sei.

Wie verwirrend es sein kann, mit dieser Wissenschaft umzugehen, belegen die jahrtausendealten Auseinandersetzungen der Gelehrten. Der Grieche Zenon erfand folgende Rechnung, mit der er die Absurdität des Unendlichen zeigen wollte:

Der griechische Held Achilles, so das Gedankenspiel, sollte mit einer Schildkröte, die zehn Meter Vorsprung hatte, um die Wette laufen. Zenons Behauptung: Obwohl Achilles zehn Meter in der Sekunde zurücklegte, konnte er die Schildkröte, die in dieser Zeit nur einen Meter vorwärtskroch, niemals einholen. Wenn Achilles am Startpunkt der Schildkröte angekommen war, hatte diese bereits einen Meter zurückgelegt. War der Verfolger zu diesem Punkt gelaufen, hatte die Schildkröte erneut zehn Zentimeter Vorsprung. Auch wenn ihr Achill jedesmal folgte, immer hatte die Schildkröte die Nase vorn, und das liesse sich, so Zenon, bis ins Unendliche fortführen.

Jeder weiss, dass in der Realität der schnellere Verfolger die langsamere Schildkröte überholen muss. Aber warum lässt sich das berühmte Paradoxon des Zenon nicht widerlegen? Antwort: Es lässt sich nur dann nicht widerlegen, wenn man die besonderen Rechenregeln für die Dimension "unendlich" nicht berücksichtigt. Betrachtet man nämlich die Zeit, wird der Trugschluss in diesem Gedankenspiel sehr schnell einsichtig:

Nach einer Sekunde ist Achill am Startpunkt der Schildkröte, nach einer Zehntelssekunde am nächsten Punkt, den sie inzwischen erreicht hatte, und nach einer weiteren Hundertstelssekunde ist wiederum der alte Vorsprung wettgemacht. Summiert man nun alle Zeiten in unendlich vielen Schritten auf, ergibt das den periodischen Wert 1,111 ... Dieser unendliche Dezimalbruch ist jedoch nicht unendlich gross - auch wenn er unendlich viele Stellen nach dem Komma besitzt-, sondern er entspricht genau dem Wert 1 1/9 Sekunden. Genau zu diesem Zeitpunkt hat der Läufer die Schildkröte überholt.

Dass bei der Dimension "unendlich" völlig neue Rechenregeln auftreten können, die für den Bereich des Endlichen nicht gelten, zeigt ein Beispiel, das der Erfinder der Mengenlehre, Georg Cantor, vor Augen führte: Nimmt man alle ganzen Zahlen von eins bis tausend und vergleicht sie mit der Reihe der geraden Zahlen 2,4,6 bis 1000, so stellt man fest, dass die erste Zahlenreihe doppelt so viele Zahlen besitzt wie die zweite.

Nun das Unglaubliche: Führt man die beiden Zahlenreihen bis ins Unendliche fort, dann haben beide gleich viele Elemente, obwohl bei der Reihe der geraden Zahlen jede zweite ausgelassen wurde. Wie Cantor zu dieser Lösung kam: Er ordnete jeder Zahl der ersten Reihe eine entsprechende Zahl der zweiten Reihe zu. Der Zahl Eins wurde die Zwei gegenübergestellt, der Zahl Zwei die Vier, der Zahl Drei die Sechs und so weiter. Jeder Zahl der ersten Reihe wurde die doppelt so grosse gerade Zahl der zweiten Reihe zugeordnet. Diese Gegenüberstellung liess sich bis ins Unend-

Das Schildkrötenrennen

Bei diesem Schildkrötenrennen kann der Läufer die Schildkröte niemals einholen. Das kann man mathematisch "beweisen", denn immer, wenn der Läufer dort ankommt, wo die Schildkröte gestartet ist, hat diese wieder eine kleine Strecke zurückgelegt. Das geht so bis ins Unendliche.

liche fortführen und bewies, dass es in jeder der beiden Zahlenreihen gleich viele Elemente gab.

Hatte nun die Wissenschaft mit den utopischen Vorstellungen vom Unendlichen ein riesiges Gedankengebäude geschaffen, oder gab es, einem Naturgesetz gleich, eine mathematische Ordnung im Kosmos, die der Mensch entdeckt hatte?

Ballistik im alten Aegypten

In Alexandria, zweihundert Jahre vor unserer Zeitrechnung schrieb der Gelehrte Apollonios von Perge an einem mehrbändigen Werk, dessen Inhalt wie Spielerei anmutet. Er nennt es "Kegelschnitte". Der Inhalt: Wenn ein gedachter Kegel in Form eines Spitzhutes von einer ebenfalls gedachten Ebene durchschnitten wird, ergeben sich an den Schnittkanten je nach Lage der Ebene eine Reihe anmutiger Kurvenformen. Dabei kamen Kreise, Ellipsen, Parabeln oder Hyperbeln zum Vorschein.

Apollonios untersuchte die Eigenschaften dieser Formen und bestimmte, in welchem "Verwandtschaftsgrad" sie zueinander standen. Einen praktischen Nutzen, nach dem wir Menschen des zwanzigsten Jahrhunderts sofort fragen würden, sah Apollonios in seinen Arbeiten nicht. Ein solcher Gedanke war ihm, wie vielen seiner Gelehrtenkollegen, fremd. Mathematik musste nach seiner Ueberzeugung ebensowenig wie künstlerische Kreativität durch irgendeinen praktischen Nutzen gerechtfertigt werden.

Zweitausend Jahre später stösst Kepler auf die Formel. Zu seiner Ueberraschung stimmen die Ellipsen des Apollonios mit den Beobachtungen des Astronomen Tycho Brahe grossartig überein. Kepler findet heraus, dass der Mars und auch alle anderen Planeten die Sonne auf einer elliptischen Bahn umrunden. Voller Begeisterung über seine Entdekkung schreibt er: "Die Wahrheit der Natur, die ich verworfen, ja verscheucht hatte, stahl sich nun in einem anderen Gewand, auf dass ich sie annähme, durch die Hinterpforte herein. Ach, was für ein Tor ich doch war!"

Die Entdeckung von Kepler sollte noch viel weiterreichende Folgen haben: Als der englische Natur-

Isaac Newton (1643-1727)

wissenschaftler Isaac Newton (1643 - 1727) aus den Keplerschen Berechnungen seine Gesetze der Schwerkraft ableitete, erkannte er, dass nicht nur die Ellipse, sondern auch alle anderen Kegelschnitte, die der Grieche Apollonios gefunden hatte, zu den mathematischen Formeln passten, die er aufgestellt hatte.

So beschrieb zum Beispiel der Kegelschnitt der Parabel exakt die Wurfbahn eines Steins oder die Flugbahn einer Kanonenkugel. 1686 schrieb Newton über sein Gravitationsgesetz: "Ich kann bestätigen, dass ich es vor rund zwanzig Jahren aus Keplers Gesetzen ableitete." Noch eindrucksvoller, was in unserer Zeit die Raumfahrtsforscher bei ihren Tests feststellten: In den Bahnen von Raketen, Satelliten, Raumfahrzeugen und Sonden, die über

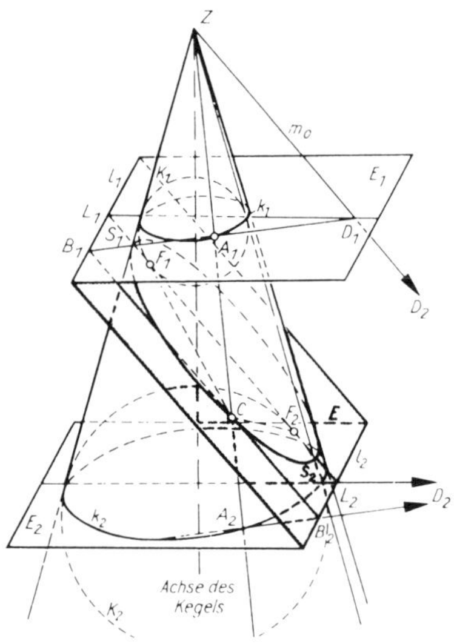

Ellipse als Kegelschnitt

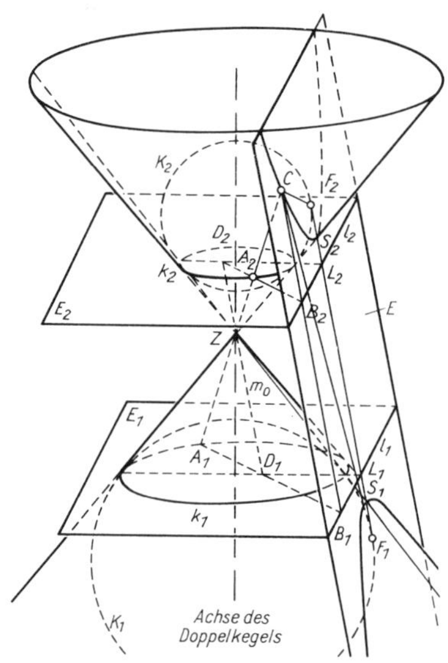

Hyperbel als Kegelschnitt

die Grenzen unseres Sonnensystems hinausfliegen, finden sich genau die harmonischen Formen wieder, die Apollonios vor mehr als 2000 Jahren berechnet hatte.

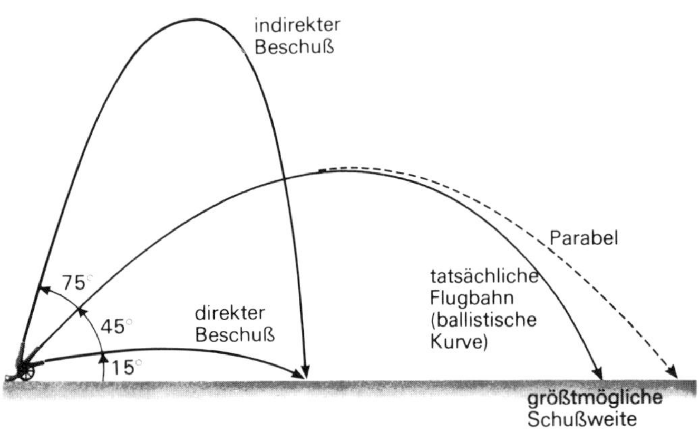

Wurfbahnberechnungen

Zufall oder höhere Ordnung?

Die Gelehrten scheuen sich, darauf eine eindeutige Antwort zu geben. Noch immer ist der alte Streit der Mathematiker nicht beigelegt: Ist ihre Wissenschaft eine Entdeckung oder eine Erfindung? Wenn der Mensch die Mathematik entdeckt hat, so lautet die Meinung des einen Lagers, dann muss sie als eine Art höhere Ordnung in der Welt existieren. Sie muss in der Natur, in den Atomen, im Kosmos bereits vor dem Menschen vorhanden gewesen sein. Im anderen Lager, in dem man von der Erfindung der Mathematik überzeugt ist, geht es weniger kosmisch zu. Hier gilt die mathematische Ordnung nicht als Naturgesetz, sondern als Schöpfung des menschlichen Verstandes.

Wenn dem so ist, dann müsste eigentlich das Zahlensystem als menschlichste aller mathematischen "Erfindungen" den Streit klären. Wenn wir mit Kugeln, Fingern oder Gegenständen bis zehn zählen, dann wird keiner von uns ein Naturgesetz dahinter vermuten. Der Vorgang ist banal, alltäglich, keines tiefen Grübelns wert. Oder doch? Spielt das Zahlensystem, bei dem auf 1 die 2 folgt, auf 2 die 3 und so weiter, in der Natur eine Rolle?

Ein Forscher war von dieser Idee geradezu besessen: der russische Chemiker Dimitri Mendelejew. Er setzte sich in den Kopf, mit Hilfe einer einfachen Zahlenreihe dem Geheimnis der chemischen Elemente auf die Spur zu kommen.

Als er sich 1869 an die Arbeit machte, waren ganze 65 chemische Grundstoffe - Elemente - bekannt. Was man von ihnen wusste: das Atomgewicht und einige chemische und physikalische Eigenschaften.

Mendelejew begann in seinem Labor an der Universität in Petersburg für jedes Element eine Art Karteikarte anzulegen. Darauf vermerkte er das Atomgewicht und die wichtigsten Eigenschaften. Wie bei einem Puzzlespiel versuchte er nun, die Karten – nach dem Atomgewicht geordnet – an der Wand aufzureihen, wobei er Elemente mit ähnlichen Eigenschaften untereinanderstellte. Hunderte Male steckte er die Karten um, bis schliesslich ein System von senkrechten und waagrechten Kartenreihen entstand, oben links die Elemente mit geringem, unten rechts die Elemente mit hohem Atomgewicht.

Aber wie Mendelejew auch die Karten anordnete, das Puzzlespiel ging nicht auf. Zwischen einigen der 65 Elemente gab es gewaltige Zahlensprünge. Sie liessen sich nicht in einer lückenlosen Zahlenreihe anordnen. Mendelejews geniale Idee: Es musste in der Natur noch unentdeckte Elemente geben, die in die Zahlenlöcher an der Wand passten. Bald war er von seinem Zahlensystem so fest überzeugt, dass er für die Lücken einfach Phantasieelemente erfand, deren Atomgewicht er theoretisch errechnete und deren chemische Eigenschaften er aufgrund dieser Berechnungen voraussagte. Ja, er gab den erfundenen Elementen sogar eigene Phantasienamen.

Mendelejews Glaube an das Naturgesetz der Zahlen sollte sich schon bald bestätigen: 1875 wurde das Gallium entdeckt, das genau die von ihm vorausgesagten Eigenschaften besass. Mendelejew hatte ihm den Namen Eka-Aluminium gegeben. Sein Phantasieelement "Eka-Bor" wurde vier Jahre später in Schweden entdeckt und erhielt den Namen Scandium. Wieder hatte Mendelejew mit seiner Vorhersage recht behalten. Sein periodisches System der Elemente erwies sich als so ausbaufähig, dass man später sogar die ganze Gruppe der Edelgase, die Mendelejew nicht vermutet hatte, als neue senkrechte Reihe anhängen konnte.

Und noch etwas sprach für das neue System: Unabhängig von Mendelejew hatte der deutsche Chemiker Lothar Meyer dieselbe Idee von der Zahlenordnung der Elemente. Ohne von den Arbeiten seines russischen Kollegen etwas zu wissen, kam Meyer beim Zusammenstellen seines Periodensystems auf das exakt gleiche Ergebnis.

Periode	Gruppe 0	a I b	a II b	a III b	a IV b	a V b	a VI b	a VII b	VIII			0	Schale
	Maximale Wertigkeit zu Wasserstoff Sauerstoff	1 1	2 2	3 3	4 4	3 5	2 6	1 7	0 8			0 0	
1	0 n Neutron 1,009	1 H Wasserstoff 1,008										2 He Helium 4,003	K
2	2 He Helium 4,003	3 Li Lithium 6,939	4 Be Beryllium 9,012	5 B Bor 10,81	6 C Kohlenstoff 12,011	7 N Stickstoff 14,007	8 O Sauerstoff 15,999	9 F Fluor 19,00				10 Ne Neon 20,183	L
3	10 Ne Neon 20,183	11 Na Natrium 22,990	12 Mg Magnesium 24,31	13 Al Aluminium 26,98	14 Si Silicium 28,09	15 P Phosphor 30,97	16 S Schwefel 32,06	17 Cl Chlor 35,45				18 Ar Argon 39,948	M
4	18 Ar Argon 39,948	19 K Kalium 39,102	20 Ca Calcium 40,08	21 Sc Scandium 44,96	22 Ti Titan 47,90	23 V Vanadium 50,94	24 Cr Chrom 52,00	25 Mn Mangan 54,94	26 Fe Eisen 55,85	27 Co Kobalt 58,93	28 Ni Nickel 58,71		N
		29 Cu Kupfer 63,54	30 Zn Zink 65,37	31 Ga Gallium 69,72	32 Ge Germanium 72,59	33 As Arsen 74,92	34 Se Selen 78,96	35 Br Brom 79,91				36 Kr Krypton 83,80	
5	36 Kr Krypton 83,80	37 Rb Rubidium 85,47	38 Sr Strontium 87,62	39 Y Yttrium 88,91	40 Zr Zirkonium 91,22	41 Nb Niob 92,91	42 Mo Molybdän 95,94	43 Tc Technetium 98,91	44 Ru Ruthenium 101,07	45 Rh Rhodium 102,91	46 Pd Palladium 106,4		O
		47 Ag Silber 107,87	48 Cd Cadmium 112,40	49 In Indium 114,82	50 Sn Zinn 118,69	51 Sb Antimon 121,75	52 Te Tellur 127,60	53 J Jod 126,90				54 X Xenon 131,30	
6	54 X Xenon 131,30	55 Cs Caesium 132,91	56 Ba Barium 137,34	57–71 (1) siehe unten	72 Hf Hafnium 178,49	73 Ta Tantal 180,95	74 W Wolfram 183,85	75 Re Rhenium 186,2	76 Os Osmium 190,2	77 Ir Iridium 192,2	78 Pt Platin 195,09		P
		79 Au Gold 196,97	80 Hg Quecksilber 200,59	81 Tl Thallium 204,37	82 Pb Blei 207,19	83 Bi Wismut 208,98	84 Po Polonium 210	85 At Astatin 210				86 Rn Radon 222	
7	86 Rn Radon 222	87 Fr Francium 223	88 Ra Radium 226,05	89–102 (2) siehe unten									Q

(1) Lanthaniden

57 La Lanthan 138,91	58 Ce Cer 140,12	59 Pr Praseodym 140,91	60 Nd Neodym 144,24	61 Pm Promethium 145	62 Sm Samarium 150,35	63 Eu Europium 151,96	64 Gadolinium 157,25	65 Tb Terbium 158,92	66 Dy Dysprosium 162,50	67 Ho Holmium 164,93	68 Er Erbium 167,26	69 Tm Thulium 168,93	70 Yb Ytterbium 173,04	71 Lu Lutetium 174,99

(2) Actiniden

89 Ac Actinium 227	90 Th Thorium 232,04	91 Pa Protactinium 231	92 U Uran 238,03	93 Np Neptunium 237	94 Pu Plutonium 242	95 Am Americium 243	96 Cm Curium 245	97 Bk Berkelium 245	98 Cf Californium 248	99 Es Einsteinium 253	100 Fm Fermium 254	101 Mv Mendelevium 256	102 No Nobelium

Periodensystem von Dimitri Mendelejew

Mathematik in der Natur

Wie ist es im Bereich des Lebendigen? Gelten in der Natur die Gesetze der Zahlen auch? Offenbar stösst man bei der Erforschung zumindest bei unbelebten Materien im Grossen (Planeten) wie im Kleinen (Atomkerne der Elemente) immer wieder auf Mathematik.

Eine Zahlenordnung in der lebendigen Natur liegt für unser Gefühl schon verdächtig nahe bei Zahlenmagie oder okkultem Naturglauben. Doch gerade daran glaubten die Astronomen zur Zeit Keplers am wenigsten, als sie sich mit einer neuen bahnbrechenden Erfindung beschäftigten. Um sich das Multiplizieren und Dividieren grosser Zahlen zu erleichtern, entwickelten sie ein neues Zahlensystem, mit dem man das Malnehmen und Teilen auf das Addieren und Subtrahieren zurückführen konnte. Die enorme Arbeitserleichterung mit den sogenannten Logarithmen, wie sie ihre Zahlentafeln nannten, sah folgendermassen aus: Wollte man zwei Zahlen miteinander malnehmen, wurden sie mit Hilfe von Zahlentabellen in logarithmische Zahlen umgewandelt. Diese addierte man einfach und verwandelte das Ergebnis nach der gleichen Tabelle wieder zurück in den normalen Zahlenwert. Blättert man in so einer Zahlentafel mit Tausenden von Dezimalbrüchen, wird man sie schnell beiseitelegen – nichts als stupide Zahlenkolonnen.

N.	L. 0	1	2	3	4	5	6	7	8	9
300	47 712	727	741	756	770	784	799	813	828	842
301	857	871	885	900	914	929	943	958	972	986
302	48 001	015	029	044	058	073	087	101	116	130
303	144	159	173	187	202	216	230	244	259	273
304	287	302	316	330	344	359	373	387	401	416
305	430	444	458	473	487	501	515	530	544	558
306	572	586	601	615	629	643	657	671	686	700
307	714	728	742	756	770	785	799	813	827	841
308	855	869	883	897	911	926	940	954	968	982
309	996	*010	*024	*038	*052	*066	*080	*094	*108	*122
310	49 136	150	164	178	192	206	220	234	248	262
311	276	290	304	318	332	346	360	374	388	402
312	415	429	443	457	471	485	499	513	527	541
313	554	568	582	596	610	624	638	651	665	679
314	693	707	721	734	748	762	776	790	803	817
315	831	845	859	872	886	900	914	927	941	955
316	969	982	996	*010	*024	*037	*051	*065	*079	*092
317	50 106	120	133	147	161	174	188	202	215	229
318	243	256	270	284	297	311	325	338	352	365
319	379	393	406	420	433	447	461	474	488	501
320	515	529	542	556	569	583	596	610	623	637
321	651	664	678	691	705	718	732	745	759	772
322	786	799	813	826	840	853	866	880	893	907
323	920	934	947	961	974	987	*001	*014	*028	*041
324	51 055	068	081	095	108	121	135	148	162	175
325	188	202	215	228	242	255	268	282	295	308
326	322	335	348	362	375	388	402	415	428	441

P.P.

	15
1	1,5
2	3,0
3	4,5
4	6,0
5	7,5
6	9,0
7	10,5
8	12,0
9	13,5

	14
1	1,4
2	2,8
3	4,2
4	5,6
5	7,0
6	8,4
7	9,8
8	11,2
9	12,6

Was hat ein Gänseblümchen mit sturen Zahlenkolonnen zu tun? Sehr viel! Die logarithmischen Zahlen finden sich in fast allen Gesetzen der Natur, auch beim Wachsen eines Gänseblümchens.

Was sich Mathematiker wie John Neper, die ihr Leben lang an solchen Zahlenkolonnen gerechnet hatten, jedoch nicht träumen liessen: Genau ihre logarithmischen Zahlen finden sich in fast allen Gesetzen der lebendigen Natur wieder, sei es beim Wachsen eines Schneckenhauses oder eines Elefantenstosszahns. Auch beim Emporspriessen eines Urwaldriesen oder eines Gänseblümchens stösst man unweigerlich immer wieder auf logarithmische Zahlenreihen.

Negative Zahlen

Eine der abenteuerlichen Erfindungen der Mathematiker, die man sich beim besten Willen in der Natur nicht mehr vorstellen kann, sind die negativen Zahlen. Minus fünf Aepfel oder minus drei Atome: Unser Vorstellungsvermögen hat da schon gewaltige Probleme. Als reine Gedankenkonstruktion, wenn man von einer kleinen Zahl eine grössere abzieht, kann man die negativen Zahlen noch akzeptieren. Naturgesetze aber, in denen plötzlich negative Zahlen auftauchen - da beginnen selbst die unerschrokkensten Naturwissenschaftler zu kapitulieren.

Genau in einer solchen ausweglosen Situation befand sich 1928 der englische Physiker Paul Dirac: Er hatte für die mathematische Beschreibung des Elektrons eine Wellengleichung gefunden, die mit einem entscheidenden Schönheitsfehler behaftet war: Sie lieferte nicht nur, wie erwartet, ein positives Ergebnis, eine "Zahl grösser als Null", sondern auch ein negatives Ergebnis, eine "Zahl kleiner als Null".
Diracs Zwangslage: Sollte er diese Ergebnisse, die sich nicht weiter erklären liessen, einfach igno-

Paul Dirac (1902–1980)

Carl Friedrich Gauss (1777–1855)

Albert Einstein (1879–1955)

rieren? Sollte er nur das Ergebnis akzeptieren, für das er eine Erklärung hatte? Nach langen Zweifeln fand Dirac eine ganz andere Antwort: Die negativen Rechenergebnisse brachten ihn zu der ungewöhnlichen Vermutung, dass es neben den normalen Elementarteilchen auch "Antiteilchen" geben müsse, mit exakt der gleichen Masse, aber mit entgegengesetzten physikalischen Eigenschaften.

Dirac ging sogar noch einen Schritt weiter: Wenn es die Antiteilchen gab, liesse sich dann nicht auch, so wie man normale Elementarteilchen zu Atomen und Materie zusammensetzen konnte, aus den Antiteilchen Antimaterie aufbauen?

Diracs Bausteine der Antimaterie wurden von den Forschern tatsächlich gefunden. In der kosmischen Strahlung entdeckten sie positiv geladene Elektronen, denen man den Namen Positronen gab. Andere Bausteine wie das Antiproton und das Antineutron entdeckte man bei Beschuss von Atomkernen in modernen Teilchenbeschleunigern.

Nur eines ist bis heute schwierig geblieben: die von Dirac berechneten Antiteilchen aufzubewahren. Die kunstvoll erzeugten Teilchen müssen sorgsam vor der normalen Materie geschützt werden. Andernfalls würden sie beim Zusammentreffen mit seinem Gegenteilchen aus der positiven Welt sofort neutralisiert werden.

Die Weder-noch-Welt

So abenteuerlich die Vorstellungen einer negativen Welt aus Antimaterie auch sein mag, kann man sich eine Welt ausmalen, die weder positiv noch negativ ist? Eine Welt, in der man mit Zahlen rechnet, die weder positiv noch negativ sind?

Als der Mathematiker Carl Friedrich Gauss (1777-1855) zum ersten Mal mit solchen Zahlen experimentierte, fiel auch seinen phantasiebegabtesten Kollegen nichts mehr ein, wenn sie überlegten, wozu das gut sein sollte.

Von den Zahlen, die Gauss verwendete, wusste man nur so viel: Wenn man sie mit sich selbst multiplizierte, kam ein negativer Wert heraus. Jeder andere Mathematiker wusste, dass es eine solche Zahl nicht geben konnte. Ganz gleich, ob man eine positive oder eine negative Zahl mit sich selbst malnahm, das Ergebnis musste in jedem Fall positiv sein. Auch minus mal minus, eine doppelte Verneinung, hatte ein positives Ergebnis.

Nur Gauss sah die Sache ganz anders: Er kümmerte sich nicht darum, wie eine solche Zahl, man nannte sie "imaginäre Zahl", aussehen sollte, ihn interessierte nur, ob man damit rechnen konnte. Obwohl die Zahlen in kein mathematisches System passten, entwickelte er dafür eigene Rechenregeln und nannte die neue Wissenschaft, die für die meisten Zeitgenossen unverständlich war, "komplexe Algebra".

Diese neue Mathematik musste nach Meinung der meisten Gelehrten in einer Sackgasse enden. Es erschien ihnen sinnlos, mit Zahlen zu rechnen, von denen man sich keine realen Vorstellungen machen konnte.

Was sie aber ebensowenig wie Gauss zur damaligen Zeit ahnen konnten: Es gibt ein physikalisches Phänomen, das wir heute mit der grössten Selbstverständlichkeit nutzen und von dem wir uns so gut wie keine realen Vorstellungen machen können - den elektrischen Strom. Nun das Ungeheuerliche: Die einst so abwegigen Rechenregeln und Formeln, die Gauss für seine komplexe Algebra erfand, beschreiben auf

unglaublich exakte Weise die physikalischen Gesetze in der Elektrotechnik. Und nicht nur das: Viele Grössen in der Natur, wie zum Beispiel Kräfte oder Beschleunigungen, lassen sich mit komplexen Zahlen nahezu spielerisch berechnen.
Wiederum ein Zufall, unerklärliche Inspiration - oder waren Mathematiker wie Gauss ihrer Zeit um ein Jahrhundert voraus? Wir wissen heute, dass Gauss sich scheute, viele seiner Ideen zu veröffentlichen, aus Furcht vor verständnislosen und eifersüchtigen Kollegen. So konnte er zum Beispiel keinen Grund dafür sehen, dass der Raum, wie das seit dem griechischen Mathematiker Euklid als unbestritten galt, geradlinig aufgebaut sein sollte. Schliesslich konnte jede Linie, die sich nur in der Länge messen liess, gekrümmt sein, ohne dass man dies bei einem gigantischen Massstab feststellen konnte.

Verrückte Welten

Auch wollte Gauss nicht einsehen, warum man sich in der Mathematik mit drei Dimensionen zufriedengeben sollte, so wie das dem menschlichen Vorstellungsvermögen über den geometrischen Raum mit Länge, Breite und Höhe entsprach. Es liess sich in der Mathematik durchaus ein Raum beschreiben, der beliebig viele Dimensionen hatte. Man konnte damit sogar schlüssig rechnen, ohne auf Widersprüche zu stossen.
Nur, sobald man den Gedankensprung aus der Formelwelt in die reale Vorstellungswelt vollziehen wollte, war es mit dem Verständnis zu Ende, und so lösten diese "nutzlosen" Gedanken unter den Mathematikern und Naturwissenschaftlern leidenschaftliche Kontroversen aus.

Ein Schüler von Gauss, der Mathematiker Bernhard Riemann (1826-1866), führte die Ideen seines Lehrers weiter. Um die Theorien der mehrdimensionalen Räume verständlicher zu machen, gab er den geometrischen Linien und Flächen andere Eigenschaften, als diese ihnen der griechische Gelehrte Euklid zugesprochen hatte. So hatte zum Beispiel Euklid vorausgesetzt, dass zwei Geraden, die beide von einer dritten Geraden im rechten Winkel geschnitten werden, parallel sein müssten und sich erst im Unendlichen schneiden würden.
Riemann zeigte, dass diese Schulgeometrie ihre Gültigkeit verlor, sobald man sie nicht auf einer absolut geraden Ebene betrieb, sondern auf einer gekrümmten Fläche. Einfachstes Beispiel: die Kugel. Zwei Meridiane, die den Aequator im rechten Winkel kreuzen, also an dieser Stelle parallel sind, überschneiden sich am Nord- und Südpol. Natürlich liess sich diese Art von Geometrie nicht nur auf einer Kugeloberfläche betreiben. Man konnte sich die Fläche beliebig gekrümmt vorstellen, als riesiges Ei, als Sattel oder in Trompetenform.
Die mathematischen Regeln ändern sich zwar, bleiben aber in sich schlüssig.
Nun aber der Gedankensprung, der nur schwer zu verdauen ist: So wie Euklid für seine Geometrie ganz selbstverständlich voraussetzte, dass sie sich auf einer ebenen Fläche abspielte, setzen wir in unserer Vorstellung voraus, dass eine räumliche Geometrie nur in einem geraden Raum möglich ist. Für Gauss und Riemann musste das nicht sein. Für sie war eine dreidimensionale Geometrie auch in einem gekrümmten Raum denkbar.

Die Naturwissenschaftler brachte noch mehr in Harnisch, dass vielleicht unsere Welt - im kosmischen Massstab gesehen - keine gerade, sondern eine gekrümmte Welt sein könnte. Wie soll zum Beispiel ein griechischer Mathematiker, der mit seinem Finger ein Dreieck in den Sand zeichnet, ahnen, dass er in Wirklichkeit sein Dreieck auf eine Kugeloberfläche malt, auf der ganz andere Gesetze gelten als auf einer geraden Ebene? Er kann aus seinem begrenzten Blickwinkel die Dimension der Erdkrümmung nicht erkennen.
Als Bernhard Riemann zu diesem Thema 1854 seine erste Vorlesung an der Universtität in Göttingen hielt, vermerkte er mit Stolz, dass sich überraschend viele Studenten - nämlich acht - eingefunden hatten. Wie viele von den acht Studenten die Gedanken des Lehrers jedoch verstanden hatten, lässt sich nicht mehr nachprüfen. Nur soviel ist sicher: Niemand konnte sich zur damaligen Zeit vorstellen, was man mit einer solch verrückten Wissenschaft anfangen sollte.

Einstein verändert die Zeit

Knapp sechzig Jahre später: Der Physiker Albert Einstein versucht, den Zusammenhang zwischen Gravitation und Beschleunigung in einer allgemeinen Theorie zu beschreiben. Zu den drei Dimensionen des Raums wählt er als vierte Dimension die Zeit, eine Idee, die von seinem ehemaligen Lehrer, dem Mathematiker Hermann Minkowski, stammt.
Einsteins ehrgeiziger Plan: Er möchte ein geometrisches Modell der Schwerkraft entwickeln und zeigen, dass eine Veränderung der Raum-Zeit-Welt schon allein durch die Anwesenheit von materiellen Körpern hervorgerufen

wird. Nach seiner Vorstellung mussten Lichtstrahlen in der Nähe von Sternen gekrümmt werden und die Schwingungen des Lichts durch die Schwerkraft sich verändern. Sogar die Zeit musste ihren Absolutheitsanspruch verlieren. Eine Uhr in der Nähe massenreicher Körper musste langsamer gehen als an einem Ort geringerer Gravitation. Und nicht nur das: Auch die Eigenschaften der Materie und ihrer Elementarteilchen mussten sich durch Gravitation in einer Raum-Zeit-Welt verändern.
Die Schwierigkeiten für Einstein: Er hatte erkannt, dass ein Modell seiner Raum-Zeit-Welt, in der es zu Krümmungen und Verzerrungen kommen musste, mit den gebräuchlichen Gesetzen der Geometrie nicht zu beschreiben war. "Jeder noch so kleine Gedankenschritt", schrieb er 1912 an einen befreundeten Kollegen, "ist teuflisch schwierig."
Einen anderen Freund, den Mathematiker Marcel Grossmann, beschwor Einstein fast verzweifelt: "Du musst mir helfen, sonst werd' ich verrückt!" Einstein hatte sich an einen Geometriekurs erinnert, den er als Student besucht hatte. In diesem Kurs hatte er zum ersten Mal von den Gaussschen Theorien der gekrümmten Ebenen und Räume gehört. Mehr einer Inspiration folgend, hoffte Einstein, hier die Lösung seiner bis dahin unlösbaren Probleme zu finden.
Sein Freund Grossmann brachte ihn dann auf die richtige Spur. Von ihm erfuhr Einstein, dass andere Wissenschaftler, vor allem der Mathematiker Bernhard Riemann, die Ideen von Gauss zu einer eigenen mathematischen Disziplin weiterentwickelt hatten. Grossmann und Einstein waren sich dabei durchaus nicht einig, ob die Riemannsche Geometrie die physikalischen Gesetze einer Raum-Zeit-Welt exakt beschreiben konnte, aber schliesslich trat Einstein doch den Beweis an, dass er mit seinen Vermutungen recht gehabt hatte.

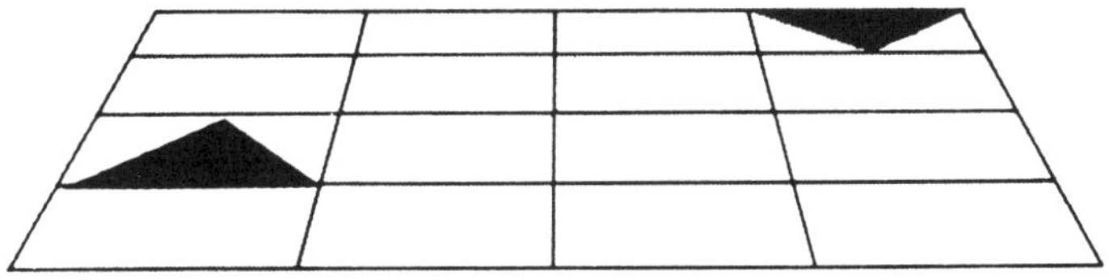

Klassischer „ebener“ Raum

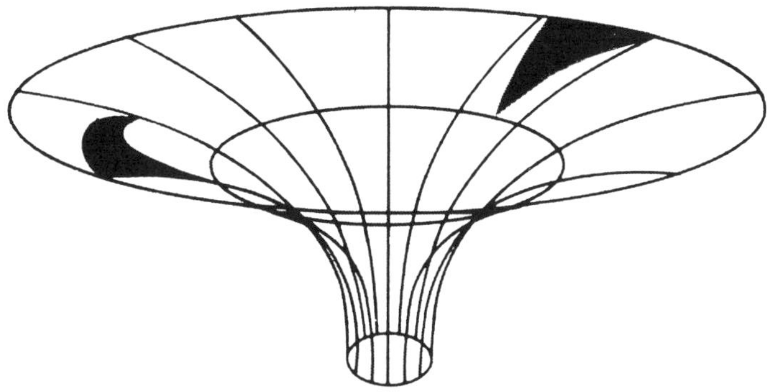

Darstellung des gekrümmten Raumes

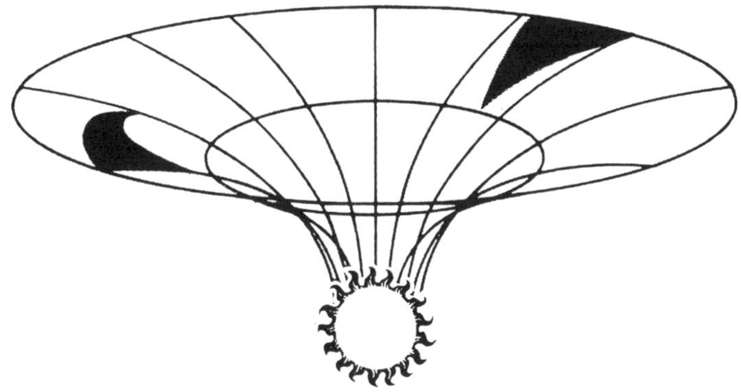

Der gekrümmte Raum kosmisch betrachtet

Vorstellungen von "Raum"

Als man Jahre später bei Sonnenfinsternissen die Ablenkung von Sternenlicht in Sonnennähe beobachtete, bestätigten sich die Rechenergebnisse. Auch die Unregelmässigkeiten der sonnennahen Merkurbahn, die von Astronomen zwar beobachtet, jedoch nicht erklärt werden konnten, liessen sich nun bestimmen.
Einstein hatte errechnet, dass der kürzeste Weg um ein schweres Masseteilchen in der Raum-Zeit-Welt, die sich mit der Riemannschen Geometrie beschreiben lässt, eine Ellipse sein muss, deren grosse Achse nicht festliegt, sondern sich dreht. Genau das hatte man bei der Merkurbahn beobachtet und keine Erklärung gefunden.
Natürlich ist es nicht immer so, dass eine neue mathematische Entdeckung einem Naturwissenschaftler aus der Klemme hilft. Manchmal bringt sie ihn vielmehr in eine fast aussichtslose Lage. Als zum Beispiel der Physiker Wolfgang Pauli 1930 Atome beim radioaktiven Zerfall untersuchte, stand er vor einer schweren Gewissensentscheidung: Sollte er seinen mathematischen Formeln

glauben oder den physikalischen Gesetzen, die man bis dahin für unumstösslich gehalten hatte?
Er hatte nämlich entdeckt, dass beim sogenannten Beta-Zerfall die errechnete Energiebilanz aus dem Gleichgewicht geriet. Bis dahin hatte gegolten: Die Summe der Energie des Protons und des Elektrons ist gleich der Energie des Neutrons. Die Experimente führten zu anderen Ergebnissen.
Pauli, dem auch seine Wissenschaftlerkollegen nicht aus der Klemme helfen konnten, entschied sich gegen das geltende Naturgesetz und für die Mathematik. Er kam auf eine verwegene Idee: Er erfand ein neues Elementarteilchen, das die mathematische Ordnung im Atomkern wiederherstellen sollte.
Um die Illusion perfekt zu machen, postulierte er die Eigenschaften des erfundenen Teilchens. Es sollte eine verschwindend geringe Masse besitzen und elektrisch neutral sein. Selbst kilometerdicke Bleiwände durften für so einen Winzling kein Hindernis darstellen. Das Teilchen musste, so die Ueberlegungen, jede Barriere durchfliegen, ohne irgendwo anzustossen. Der Name, den man dem mathematischen Hirngespinst gab: Neutrino.
Ein Vierteljahrhundert mussten sich die Naturwissenschaftler bei ihren Berechnungen mit diesen unliebsamen Gespensterteilchen herumschlagen, bis 1956 die beiden amerikanischen Forscher C.L. Cowan und Fred Reines die Sensation meldeten: Ihnen war es gelungen, in einem Kernreaktor die Existenz des Neutrinos nachzuweisen. Paulis Glaube an die Mathematik hatte sich bestätigt.
Man könnte noch Dutzende anderer Beispiele für den unerklärlichen Zusammenhang zwischen Mathematik und der Wirklichkeit aufzeigen, die von den Forschern im Bereich der lebenden und toten Materie enthüllt wird.
Heute gilt: Erst wenn sich eine wissenschaftliche Hypothese mit überzeugenden mathematischen Formeln beschreiben lässt, ist sie überhaupt diskussionswürdig.
Die Mathematik wird sogar dazu benutzt, die allerfrühesten Phasen in der Geschichte des Universums zu rekonstruieren. Naturwissenschaftler wie Steven Weinberg haben mit Hilfe der Mathematik die Entstehung des Universums zurückverfolgt bis fast zum Augenblick des Urknalls - jenes gewaltigen "Big Bang", mit dem nach heute herrschender Lehrmeinung die Existenz unseres Weltalls vor rund 20 Milliarden Jahren begann. Die Rekonstruktion musste 0,000 ...0001 Sekunden vor dem Urknall abgebrochen werden. Eine Zahl mit 40 Nullen nach dem Komma! Von diesem Zeitraum an versagten die Möglichkeiten der Mathematik.

Zahlen sind unser Leben

Trotzdem sind es Zahlen, die dem Menschen seine heutige Macht über die Natur und deren Kräfte gegeben haben. Woher kommt ihre Macht? Wir können es nur vermuten. Eine Möglichkeit ist, dass unser Verstand ausser dem

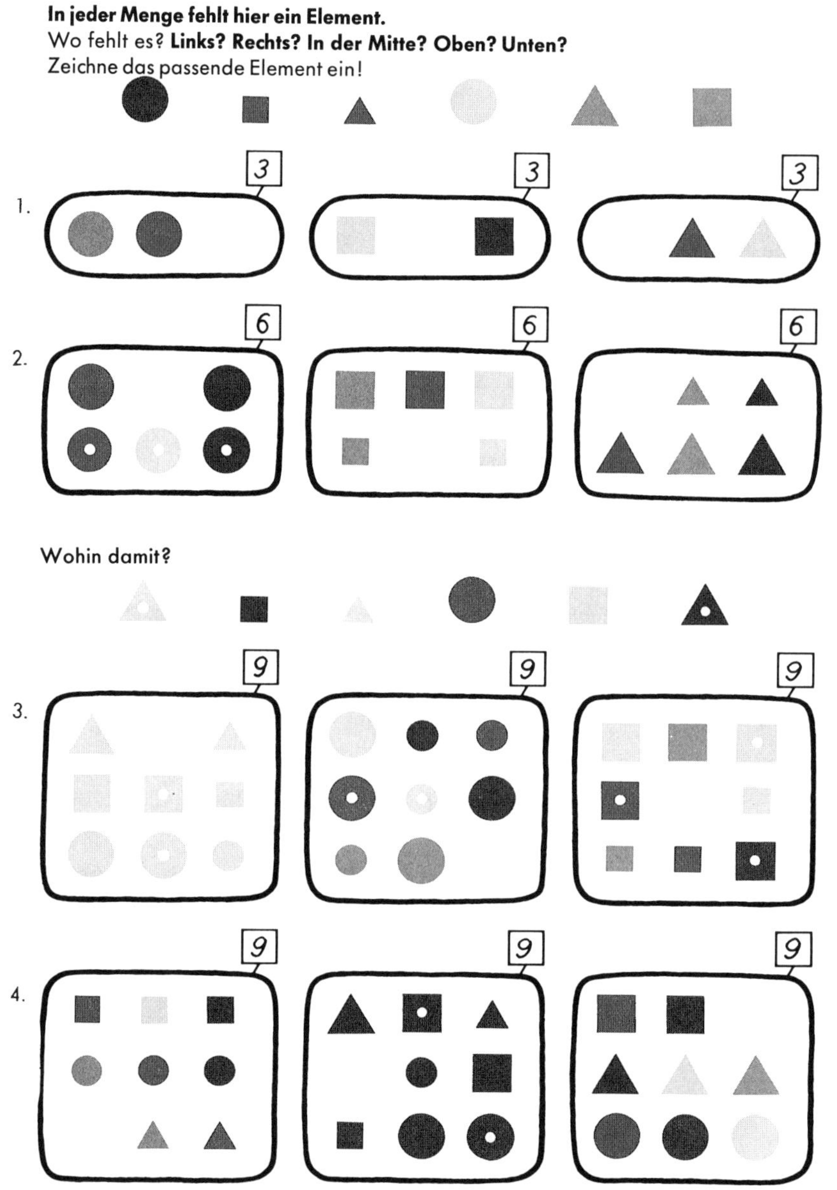

Beispiel aus einem Mathematik-Lehrmittel, als die Mengenlehre aktuell war. (sabe 1, 1971)

Zahlensystem mit seiner strengen Logik noch viele andere Denkmodelle spielerisch erfand und erfindet, dass aber immer nur das übrigbleibt, was sich im wirklichen Leben bewährt oder wenigstens bestätigt. Eine zweite Möglichkeit ist, dass der Mensch, wenn er Mathematik treibt, gar keine andere Ordnung erfinden kann als die Ordnung des Weltalls selbst, da er ja von diesem Weltall hervorgebracht wurde.
Wie immer es auch sei, wir werden es möglicherweise niemals erfahren.
(Text von Ernst Deissinger, mit freundlicher Genehmigung durch PM-Magazin)

Besondere Zahlen

Das kleinste Präfix einer Zahl ist tredo (nach dem dänischen Wort tredyvo für dreissig) und steht für 10 hoch minus 30 vor Masseinheiten.
Das höchste Präfix ist Dea, Symbol D, abgeleitet vom griechischen deka = zehn. Es steht für 10 hoch 30 vor Masseinheiten.
Die höchste Zahlenbenennung in einer Folge von Potenzen der Zahl 10 ist die Zentillion, das heisst die 600. Potenz von 10 oder 1 gefolgt von 600 Nullen. Sie wurde erstmals 1852 erwähnt.
Die höchste mit einem Namen versehene Zahl ausserhalb des Dezimalsystems ist die buddhistische Asankhyeya, die 10 hoch 140 bedeutet.
Die höchste Zahl, die jemals in einem mathematischen Beweis verwendet wurde, ist ein Grenzwert, der 1977 veröffentlicht wurde und als "Grahams Zahl" bekannt ist. Hierbei handelt es sich um eine Grösse bei der Betrachtung von zweifarbigen Hyperwürfeln, die nur durch die 1976 ausgearbeitete Pfeil-Schreibweise ausgedrückt werden kann. Mr. Candelaria aus Kalifornien, "der einzige Mensch, den die Unendlichkeit fürchtet", hat ein System zur Benennung grosser Zahlen entwickelt, das mit "Milli-Decilli-Fünfillionillion" endet.
Die Zahl 10 hoch 100 nennt man "Googol", ein Wort, das von Dr. Kasner, USA, geprägt wurde. 10 Googol wird Googolplex genannt. Vielleicht kann man sich einen Begriff von der Grösse solcher Zahlen machen, wenn man bedenkt, dass die Zahl der Elektronen in einigen Modellen des beobachtbaren Universums 10 hoch 87 nicht überschreitet.

Kleinste und grösste Primzahlen; darunter versteht man alle ganzen Zahlen (mit Ausnahme von 1), die nur durch sich selbst bzw. 1 teilbar sind, z.B. 2,3,5,7 oder 11. Die kleinste Primzahl ist also 2. Bei der Ueberprüfung eines Cray-X-MP-Computers bei der Firma Chevron Geosciences in Houston, Texas, wurde 1985 die bisher grösste bekannte Primzahl (2 hoch 216 091)-1 zufällig entdeckt.
Die Zahl besteht aus 65 050 Stellen. Man hatte dem Computer ein Spezialprogramm zur Suche nach sogenannten Marsenne-Primzahlen eingegeben. Pro Sekunde führte der Computer 400 Millionen Rechenoperationen aus.

Eine perfekte Zahl ist gleich der Summe ihrer Teiler (mit Ausnahme ihrer selbst):
z.B. 1+2+7+14=28. Die kleinste perfekte Zahl ist 6 (=1+2+3). Die grösste bekannte vollkommene Zahl, die 29., die bisher entdeckt wurde, ist (2 hoch 216 091)-1 x (2 hoch 216 090). Sie resultiert aus der höchsten bekannten Primzahl.
Genaueste und ungenaueste Angabe für "Pi".
Die grösste Anzahl von Dezimalstellen, die für "Pi" bisher errechnet wurde, beträgt 16 777 216. Diese Berechnung gelang Yasumasu Kanada, und Y. Tamura, beide Japan, nach 30 Stunden Rechenzeit mit dem Hauptcomputer der Universität Tokyo 1985. Die genaue Zahl in der wohl langweiligsten 800-Seiten-Veröffentlichung der Welt lautet: 3,141592653589793 ...(lassen wir die nächsten 1 999 975 Dezimalstellen aus) ...147297909.
1897 beschloss die erste Kammer des US-Bundesstaates Indiana das Gesetz Nr. 246, nach dem von Rechts wegen Pi den Zahlenwert 4 erhielt.

Die einzigen Menschen ohne Zahlenbegriff sind die Namiquaras im nordwestlichen Matto Grosso (Brasilien). Ihnen fehlt jegliches Zahlensystem, obwohl ihre Sprache ein Wort enthält, das etwa "sie sind wie zwei" bedeutet.

Zahlenrätsel

Jemand wird aufgefordert, eine Zahl zu denken (z.B. 6). Zu dieser Zahl wird 1 dazugezählt (7); diese Summe ist dann doppelt zu nehmen (14). Nun ist erst 1 zu addieren (15) und dann noch einmal die gedachte Zahl (21). Diese Endsumme lässt man sich nennen.
Auflösung: Man zieht 3 ab und teilt den Rest durch 3.
(21-3=18:3=6)
Eine gedachte Zahl (z.B. 5) ist mit 2 zu multiplizieren (10); dann sind 5 zu addieren (15) und diese Zahl wird dann mit 5 multipliziert. Das Ergebnis lässt man sich nennen (75).
Auflösung: Die letzte Ziffer wird gestrichen, von der linken Zahl zieht man 2 ab und erhält die gedachte Zahl.
(75=7-2=5)

Drei Mathe–Magier

Für die Zusammenstellung und Realisation der Ausstellung "Phänomenale Mathe–Magie" gaben drei Männer besondere Impulse. Sie stehen beispielhaft für das mathematische Interesse, das im Menschen geweckt werden kann.

Francis Evans

Professor Francis Evans arbeitet am Wissenschaftlichen Institut in Sheffield, Hallam Universität. Er wurde 1936 in Abergavenny, einer kleinen walisischen Stadt, geboren. Nach seinem Einsatz als Russisch-Sprachforscher in der Königlichen Luftwaffe hielt er in Cambridge Vorlesungen für Geschichte. Anfangs lagen seine Interessen vor allem in der Europäischen Geschichte und Politik. Dann jedoch faszinierten ihn immer stärker zuerst die Geschichte der Wissenschaft und danach die der Technik.

Die Geschichte der Technik war als Stoff ziemlich unerforscht, und so verbrachte Francis Evans in Sheffield viele Jahre damit, Materialien wie Strukturen, Wasser- und Dampfkraft, Maschinen und Mechanismen, Kriegsschiffe und Festungen zu untersuchen. Er fand heraus, dass Studenten mit wenig technischen Kenntnissen Schwierigkeiten hatten, zu verstehen, wie viele Dinge funktionieren, und so begann er, Modelle zu bauen. Seine Sammlung an Lehr-Modellen vergrösserte sich schnell, und als die ersten Science Centers, z.B. in Bristol und das Launchpad in London, eröffnet wurden, waren seine Modelle eine sehr nützliche Basis für viele Exponate.

Francis Evan's grösstes Interesse gilt immer noch der Geschichte der Technik. Er schreibt ihr eine grosse Bedeutung in geschichtlichen und sozialen Veränderungen zu und sieht in ihr ein wichtiges Element der menschlichen Entwicklung und auch für unser Verständnis der menschlichen Natur. Er hält in ganz England und in anderen Ländern Vorlesungen darüber und tritt in Fernsehsendungen auf.

Caspar Schwabe

Der gelernte Designer und Gestalter von Ausstellungen, Caspar Schwabe, (geb. 1953) ist Gründungsmitglied der AHA-Galerie in Zürich. Dort sind viele ähnliche und noch neuere Gegenstände zu sehen und zu kaufen, die mit "phänomenaler Mathe-Magie" zu tun haben. Als Mathematik-Fan verbindet er seine Liebe zur Mathematik mit Kunst und Mystik. Er will geheime Zusammenhänge der Natur und Phänomene aufspüren. Weil er unsere Umgebung, ganz genau betrachtet, für eine Märchenwelt hält, bringt er uns das "Niegesehene" vor Augen.

Caspar Schwabe hat das bewegliche Oktaeder von Raoul Bricard (1897) wiederentdeckt, er träumt von der Realisation eines Polyeders mit zwei Eigenschaften:
Es muss raumfüllend sein, und seine Oberfläche muss zusammenklappbar sein, ohne dass Teile aufspringen; dann besässen wir Macht über den Raum. In seinen Spiegelobjekten liegt das Wesentliche immer im Winkel. Er findet, dass die Tatsache des Lebens uns die vierte Dimension gibt. Trotzdem sucht er eigentlich, wie die Alchemisten, den "Stein des Weisen". Er sieht sein Ziel in einem Unternehmen wie André Hellers Vergnügungspark "Luna-Luna", eine Verbindung von Jahrmarkt und Kunst.

Indem all seine Objekte interaktiv gestaltet sind, möchte er den Leuten zeigen, dass sich eine Art Befreiung und Erfüllung auch

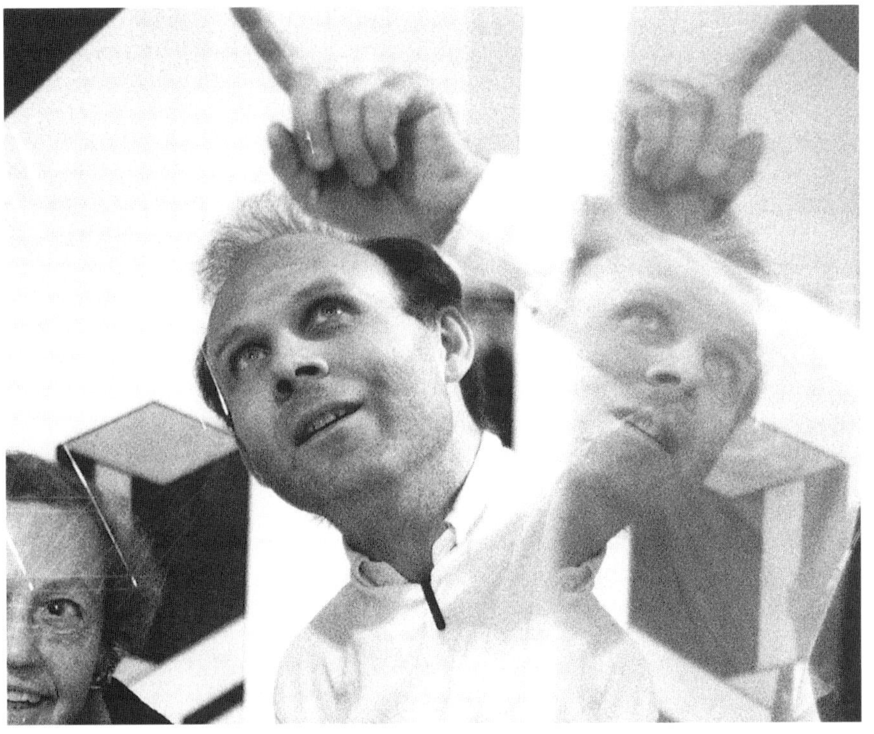

durch so etwas Exaktes wie die Mathematik erreichen lässt. Der Betrachter soll nicht von Laserstrahl und Holographie überwältigt werden, sondern er soll angesichts der Einfachheit der Mittel über das Offenbarte staunen.

Paul Schatz

Die technischen Entwicklungen des neuen Jahrhunderts, insbesondere der Luftfahrt, machten dem 1898 in Konstanz geborenen Paul Schatz nachhaltigen Eindruck. Der hochbegabte Schüler erhielt 1916 bereits den Zeppelin-Preis, ein Stipendium für die besten Leistungen in den mathematischen und den naturwissenschaftlichen Fächern. Nach dem Krieg beginnt er in München auf der Technischen Hochschule Mathematik, Maschinenbau und Philosophie zu studieren. Kurz vor dem Diplom wechselt er zum Studium der Astronomie über. Enttäuscht von der modernen Wissenschaft und ihrem abstrakten Denken bricht er sein Universitätsstudium ab und beginnt eine künstlerische Ausbildung in einer Holzschnitzschule. Später ist er in einem eigenen Atelier am Bodensee als Bildhauer tätig. In dieser Zeit beginnt er auch ein intensives Studium der Anthroposophie, aus dem heraus er sich immer mehr die Frage nach dem Quell seines künstlerischen Schaffens zu stellen beginnt. Als Ergebnis dieser Auseinandersetzung veröffentlichte er 1927 sein Buch "Der Weg zur künstlerischen Gestaltung in der Kraft des Bewusstseins". In Dornach lebte er bis zu seinem Tod 1979 als Künstler, Erfinder und Techniker. Die Entwicklung neuer technischer Gestaltungen verstand Paul Schatz stets im Sinne des griechischen "techne" zugleich als Kunstausübung. Er hatte ein Lebensideal, das der Verwirklichung einer neuen natur- und menschengemässen Technik galt.

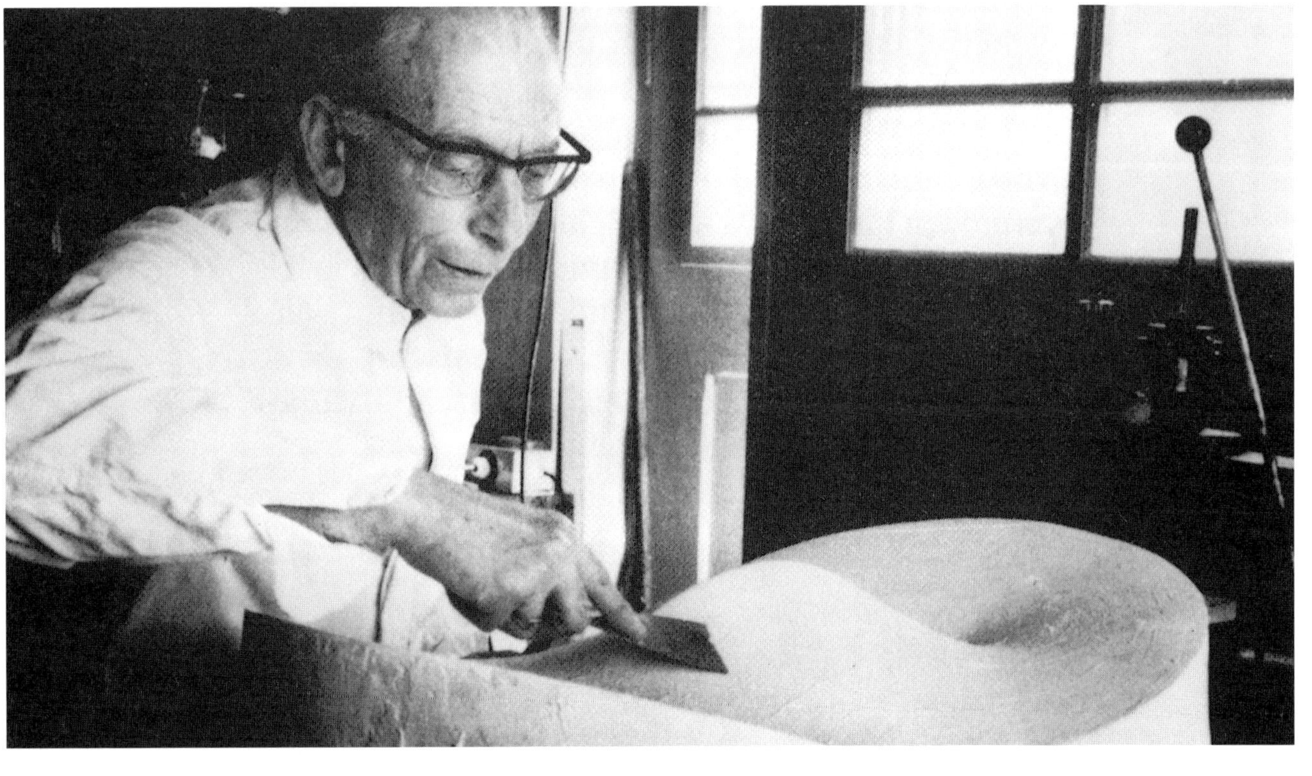

Tips, Anregungen und Varianten:

Die platonischen Körper: (S. 33–37)

Die Komposition der fünf "kosmischen Gestalten" wurde von Pythagoras (6. Jh. v. Chr.) entdeckt. Platon (427–348 v. Chr.) hat jedoch die Beziehung der fünf regelmässigen Körper zu den Elementen in einem seiner Dialoge ausführlich dargestellt. Man nennt daher die Körper "platonische Körper". Er soll auch gesagt haben, dass aus dem Würfel die Erde, aus der Pyramide das Feuer, aus dem Oktaeder die Luft, aus dem Ikosaeder das Wasser und aus dem Dodekaeder die Sphäre des Weltganzen hervorgegangen sei.

Die regelmässigen Körper (reguläre Polyeder) haben sich in der Geistesgeschichte der Menschheit fortwährend als anregende Wundergebilde erwiesen.

Unsere ersten fünf Experimente lassen auf spielerische Art die Gesetzmässigkeiten der platonischen Körper erkennen.
Beim Blick in die Spiegelflächen kann der ganze Körper mit den weiteren Ecken gesehen werden. In einer Körperecke müssen mindestens drei Kanten bzw. Flächen zusammentreffen. Die Summe der in einer Ecke zusammenstossenden Kantenwinkel muss kleiner als 360 Grad sein. Deshalb können als Flächen bei den regelmässigen Körpern nur das gleichseitige Dreieck, das Quadrat und das regelmässige Fünfeck vorkommen.
Wenn man einen Gegenstand oder die Hand von hinten durch die Spiegelkonstruktion streckt, erkennt man die mehrfache Spiegelung der Körper.

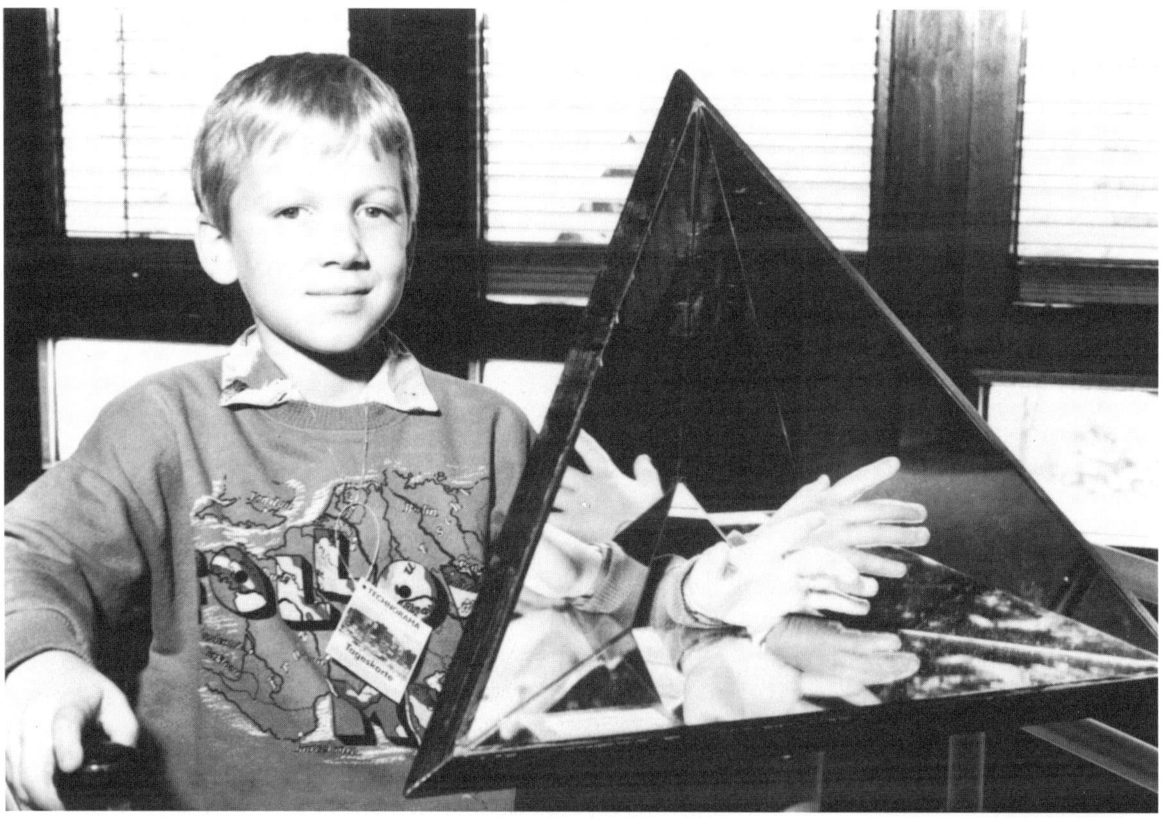

Optik

Das Tetraeder

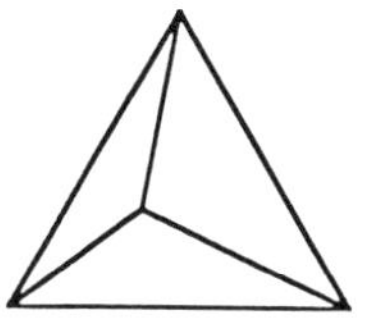

Material:
– 3 Spiegelflächen aus Spiegelglas oder Plexiglas
Form: gleichschenkliges Trapez
obere Seitenlänge: 14 cm
Höhe: 14 cm
untere Seitenlänge: 54 cm

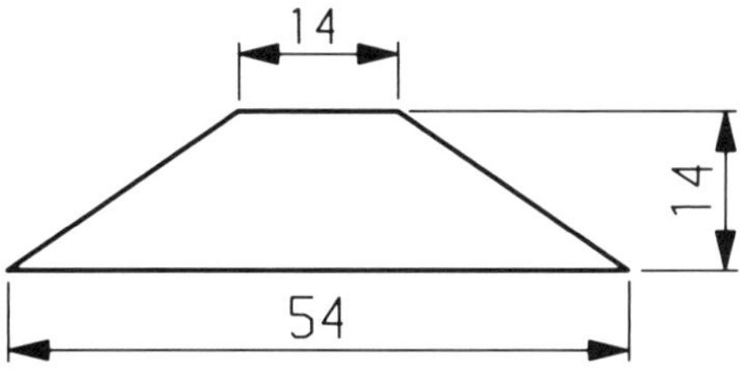

Vorbereitung:
Die drei Spiegelflächen an den Seitenkanten zusammenkleben.

Experiment:
Beim Blick in die Spiegelflächen können die gegenüberliegenden Ecken gesehen werden.
Durch die Oeffnung von hinten eine Hand oder einen Gegenstand strecken.

Erklärung:
Das Tetraeder ist als Körper ein Vierflach, eine Pyramide mit 4 dreieckigen Flächen, 6 Kanten und 4 dreikantigen Ecken.
tetra (griechisch) = 4
Es gehört zu den fünf platonischen Körpern.

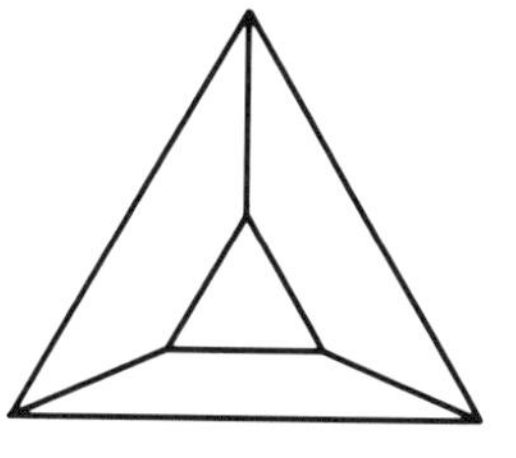

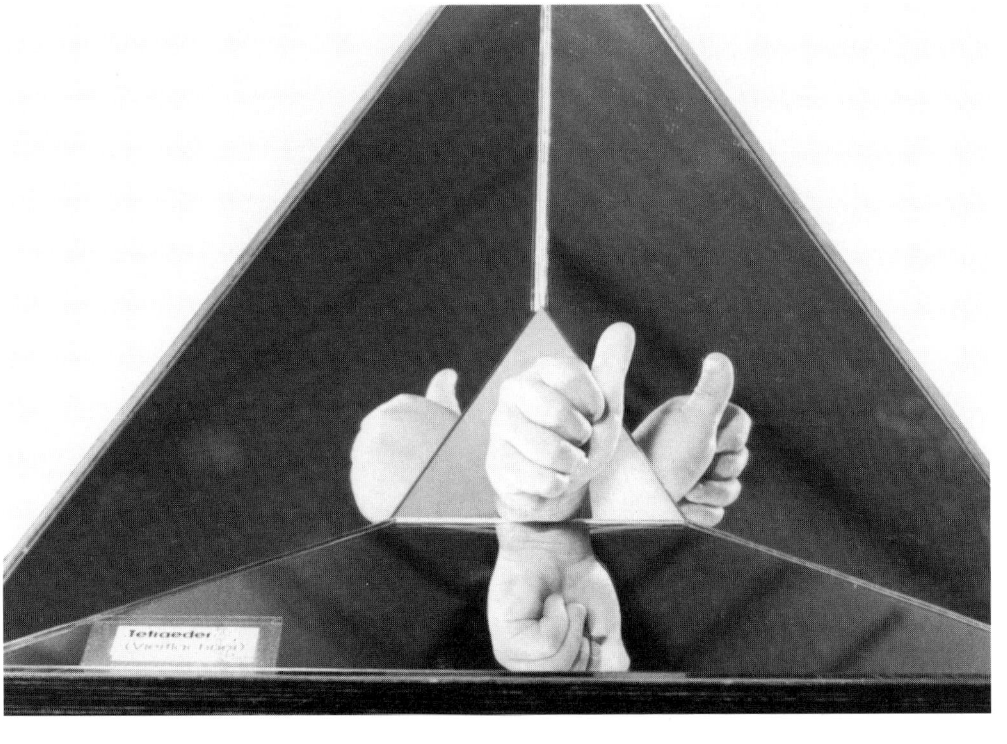

Optik

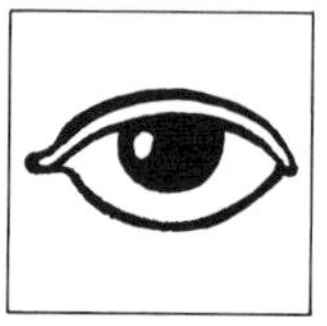

Das Hexaeder

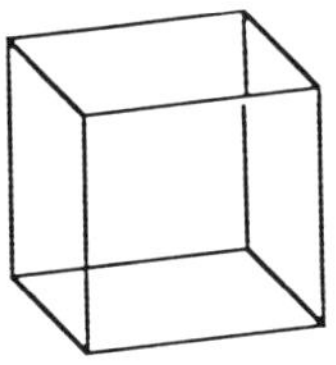

Material:
- 4 Spiegelflächen aus Spiegelglas oder Plexiglas

Form: gleichschenkliges Trapez
obere Seitenlänge: 16,5 cm
Höhe: 28 cm
untere Seitenlänge: 56 cm

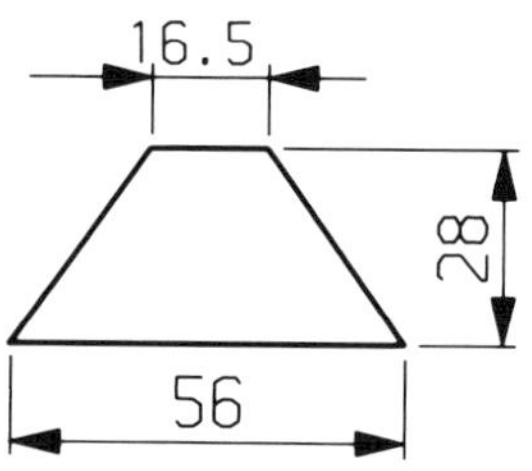

Vorbereitung:
Die vier Spiegelflächen an den Seitenkanten zusammenkleben.

Experiment:
Beim Blick in die Spiegelflächen können die gegenüberliegenden Ecken gesehen werden.
Durch die Oeffnung von hinten den Kopf oder einen Gegenstand strecken.

Erklärung:
Das Hexaeder ist als Körper ein Sechsflach, ein Würfel mit 6 viereckigen Flächen, 12 Kanten und 8 dreikantigen Ecken.
hexa (griechisch) = 6
Es gehört zu den fünf platonischen Körpern.

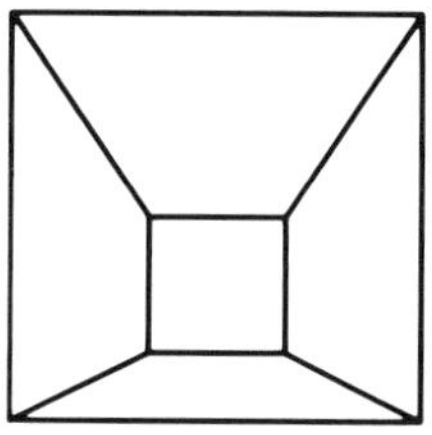

Optik

Das Oktaeder

Material:
- 3 Spiegelflächen aus Spiegelglas oder Plexiglas

Form: gleichschenkliges Trapez
obere Seitenlänge: 12,5 cm
Höhe: 20 cm
untere Seitenlänge: 52 cm

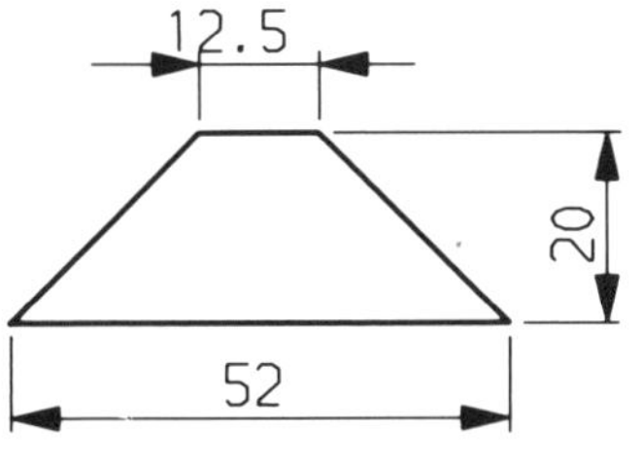

Vorbereitung:
Die drei Spiegelflächen an den Seitenkanten zusammenkleben.

Experiment:
Beim Blick in die Spiegelflächen können die gegenüberliegenden Ecken gesehen werden.
Durch die Oeffnung von hinten den Kopf oder einen Gegenstand strecken.

Erklärung:
Das Oktaeder ist als Körper ein Acht-flach mit 8 dreieckigen Flächen, 12 Kanten und 6 vierkantigen Ecken.
octa (griechisch) = 8
Es gehört zu den fünf platonischen Körpern.

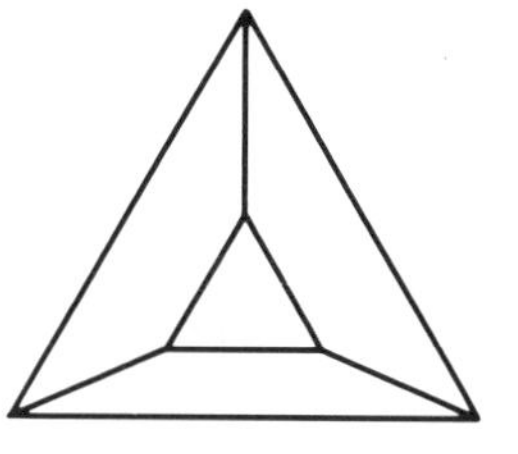

Optik

Das Dodekaeder

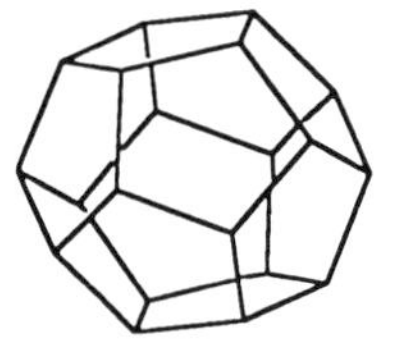

Material:
– 5 Spiegelflächen aus Spiegelglas oder Plexiglas
Form: gleichschenkliges Trapez
obere Seitenlänge: 16,5 cm
Höhe: 52,5 cm
untere Seitenlänge: 56,5 cm

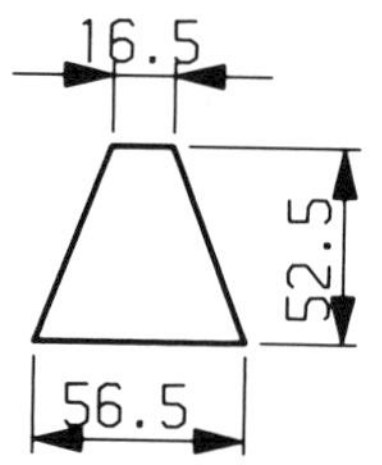

Vorbereitung:
Die fünf Spiegelflächen an den Seitenkanten zusammenkleben.

Experiment:
Beim Blick in die Spiegelflächen können die gegenüberliegenden Ecken gesehen werden.
Durch die Oeffnung von hinten den Kopf oder einen Gegenstand strecken.

Erklärung:
Das Dodekaeder ist als Körper ein Zwölfflach mit 12 fünfeckigen Flächen, 30 Kanten und 20 dreikantigen Ecken.
dodeca (griechisch) = 12
Es gehört zu den fünf platonischen Körpern.

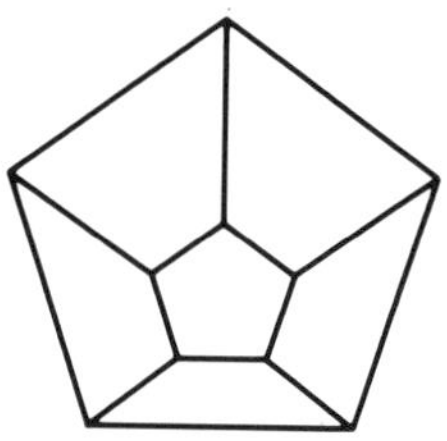

Optik

Das Ikosaeder

Material:
- 3 Spiegelflächen aus Spiegelglas oder Plexiglas
Form: gleichschenkliges Trapez
obere Seitenlänge: 11 cm
Höhe: 32 cm
untere Seitenlänge: 51,5 cm

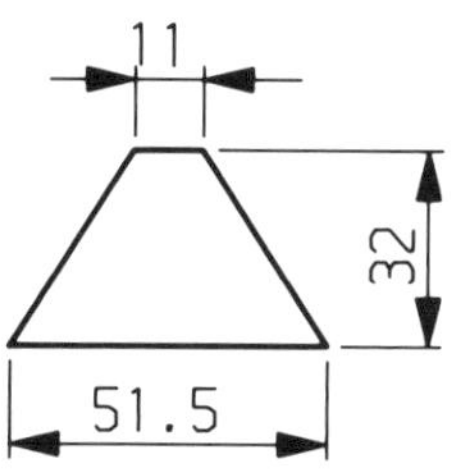

Vorbereitung:
Die drei Spiegelflächen an den Seitenkanten zusammenkleben.

Experiment:
Beim Blick in die Spiegelflächen können die gegenüberliegenden Ecken gesehen werden.
Durch die Oeffnung von hinten eine Hand oder einen Gegenstand strecken.

Erklärung:
Das Ikosaeder ist als Körper ein Zwanzigflach mit 20 dreieckigen Flächen, 30 Kanten und 12 fünfkantigen Ecken.
icosa (griechisch) = 20
Es gehört zu den fünf platonischen Körpern.

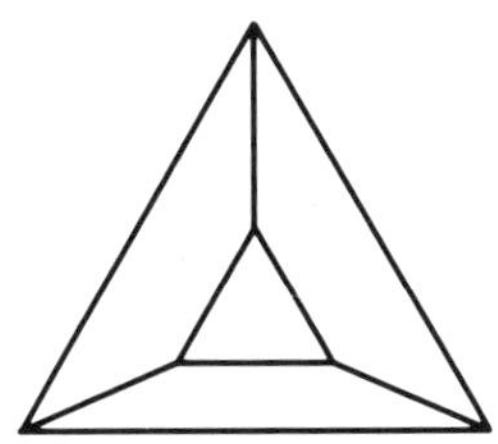

Die Spiegelexperimente sind immer aus Spiegeln in der Form eines gleichschenkligen Trapez' zusammengesetzt. Man kann sie in verschiedenen Varianten zusammenfügen:

Variante 1: Starken Karton in der entsprechenden Form ausschneiden. Mit Abdeckband zusammenkleben. Die Spiegel mit doppelt klebendem Band innen auf die Untergrundkonstruktion kleben.

Variante 2: Sperrholz, 6 mm, in der entsprechenden Form ausschneiden. Mit Abdeckband zusammenkleben. Die Spiegel mit doppelt klebendem Band innen auf die Untergrundkonstruktion kleben.

Variante 3: Sperrholz, 12 mm, in der entsprechenden Form ausschneiden. Mit Winkeleisen verbinden. Die Spiegel mit Zweikomponentenkleber innen auf die Untergrundkonstruktion kleben.

Variante 4: Sperrholz, 12 mm, in der entsprechenden Form ausschneiden. Mit Klavierband verbinden. Die Spiegel mit Zweikomponentenkleber innen auf die Untergrundkonstruktion kleben.

Variante 5: Spiegelglas mit Silikon zusammenkleben.
(Gewisse Kleber können die Silberschicht beeinträchtigen!)

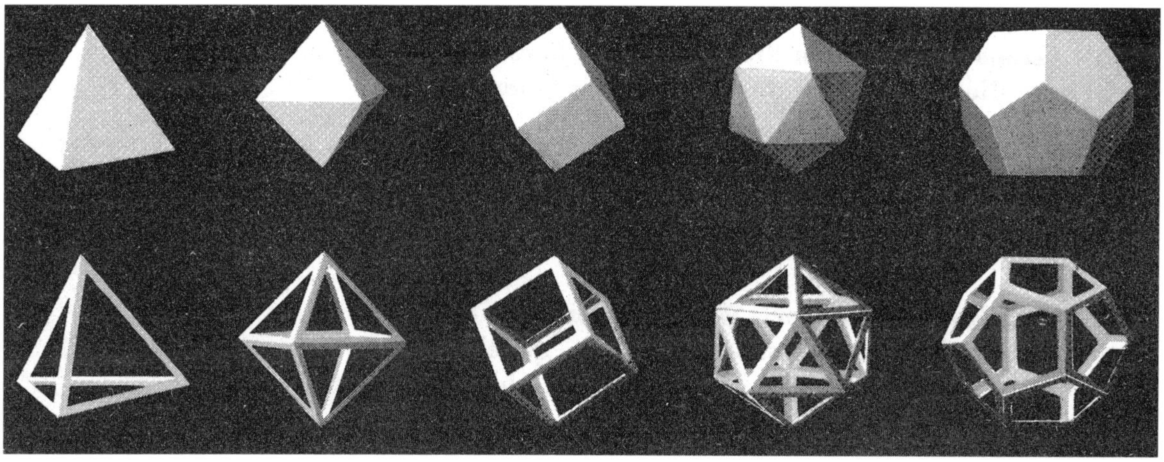

Optik

Der Polygon–Schönbildschauer

Material:
- 3 Spiegel
- 3 Holzplatten
- Klavierband
- Gummiseil

Vorbereitung:
Der Zusammenbau ist auf der folgenden Seite beschrieben und skizziert.

Experiment:
Den Spiegel ganz öffnen. Die Gummiseilabschnitte zeigen ein gleichseitiges Dreieck. Den Spiegel langsam drehen. Zuerst erscheint ein Quadrat, dann ein Fünfeck, ein Sechseck usw.

Erklärung:
Immer bildet das wirkliche, nicht nur das abgebildete Stück Seil eine der Polygonseiten.
Bei der Quadrat–Einstellung (Raumeck 90°) ist das eigene Spiegelbild nicht wie üblich seitenverkehrt, sondern seitenrichtig!
Je weiter das Fenster geschlossen wird, desto grösser wird die Zahl der Spiegelungen.

Der Polygon-Schönbildschauer

(Polygon ist griechisch und heisst "Vieleck")

Material:

- ein Drittel-Segment einer runden Spiegelfläche (3 mm), Radius: 58 cm
- zwei Spiegel 60 cm x 60 cm mit Loch: 1 x unten links und 1 x unten rechts

Abstand vom Rand: 8 cm; Abstand vom Boden: 2 cm

(Ein Loch ins Glas bohren ist problematisch, kann aber von Fachleuten gemacht werden. Man kann das Gummiseil auch im Trägerholz befestigen, nur ist dann der Polyeder nicht mehr so schön zu sehen.)

- ein Drittel-Segment einer runden Spanplatte 19 mm, Radius: 58 cm
- zwei Sperrholzplatten 10 mm: 1 x 60 cm x 60 cm, 1 x 60 cm x 62 cm
- Klavierband 60 cm
- Gummiseil 1 cm x 60 cm
- 1 Stück Holz 10 cm x 10 cm
- Filzstreifen 60 cm

Vorbereitung:

Die zwei Holzplatten mit dem Klavierband stirnseits verschrauben. (Detail A)
Die Spiegel einander zugewandt aufkleben.
Spiegelsegment auf Holzsegment aufkleben.
Filzstreifen am unteren Rand aufkleben, um den unteren Spiegel nicht zu zerkratzen.
Die vorstehende Holzplatte links im Bild am Segment festschrauben. Das Klavierband steht in der Winkelachse.
Auf der gegenüberliegenden Seite des Aussenbogens das Anschlagholz senkrecht anschrauben.
Seil durch das Loch führen, an der Aussenplatte und am kleinen Holzstück befestigen.

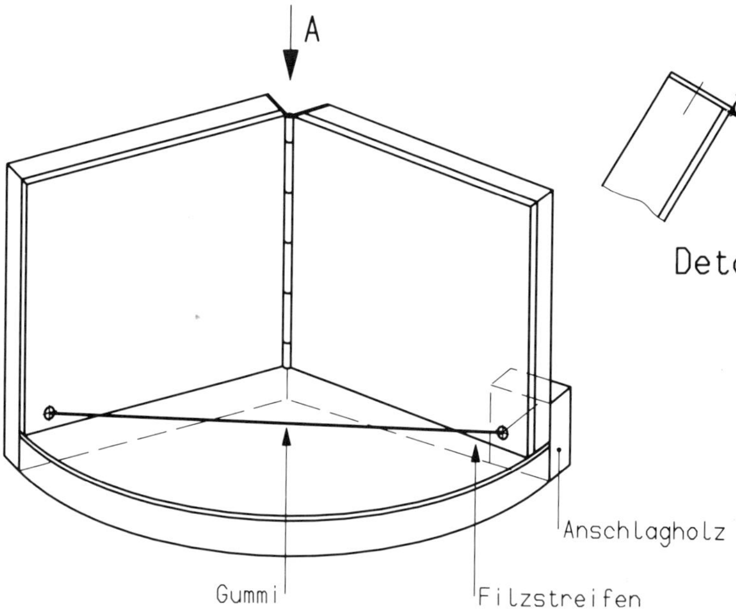

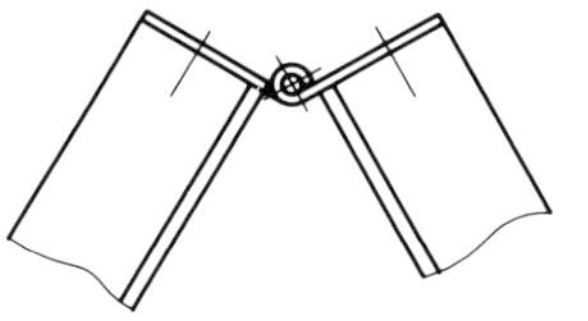

Detail A

Optik

Spiegel–Ellipse

Material:
- grosse Styroporplatte (120 cm x 60 cm x 6 cm)
- Spiegelglasabfälle oder Spiegelfolie ca. 40 Stück (3 cm x 6 cm)
- Mini–Periskop
- Besenstiel (10 cm)
- Holzplatte als Unterlage (120 cm x 60 cm)

Vorbereitung:
Auf die Styroporplatte eine möglichst grosse Ellipse zeichnen.
Die Gärtner–Konstruktion ist auf der folgenden Seite beschrieben.
Die Ellipse sehr genau aussägen. Auf senkrechte Schnittführung achten!
Die Ränder mit Spiegeln bekleben.
Am rechten Brennpunkt den bunt bemalten Bestenstiel befestigen. Am linken Brennpunkt das kleine Periskop befestigen.

Experiment:
Durch das Periskop sehen. Beim Drehen des Periskops erkennt man immer den Besenstiel.

Erklärung:
Periskop und Besenstiel liegen in den beiden Brennpunkten. Die elliptische Form hat die Eigenschaft, dass sie Lichtstrahlen, die von einem der Brennpunkte in irgendeinem Winkel auf die Spiegelkurve auffallen, auf den zweiten Brennpunkt zurückwirft (Prinzip des Fenstergewölbes).
Reflektoren von Autolampen oder Satelliten–Antennen arbeiten mit Parabeln, dort werden parallele Strahlen in einem einzigen Punkt gebündelt.

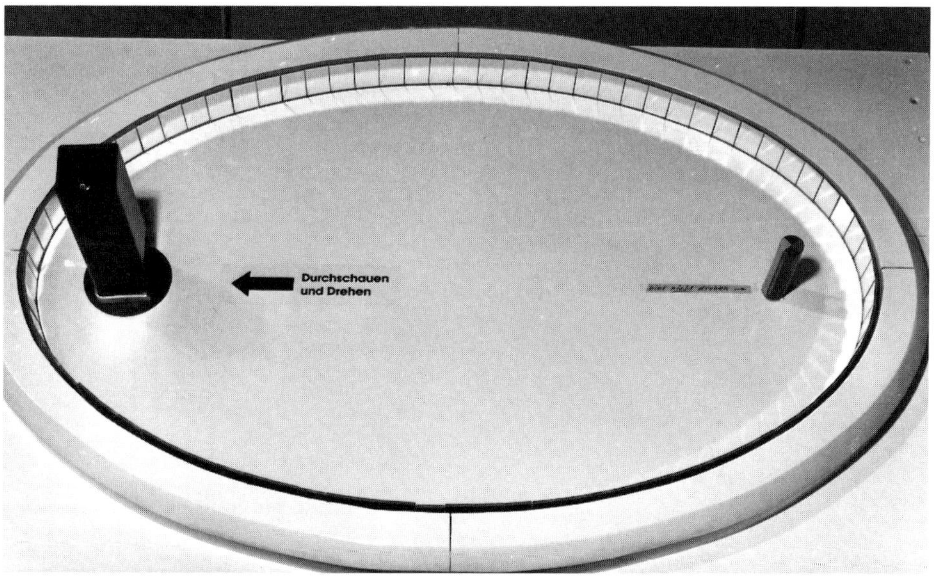

Die Gärtner-Konstruktion

(In vielen Gärten kann man Beete in elliptischer Form sehen. Die Gärtnermeister bilden diese Beete mit sehr einfachen Hilfsmitteln: zwei Hölzer und einer Schnur!)

Die Gärtner-Konstruktion: Zwei Reissnägel oder im Freien zwei Holzstücke in einem bestimmten Abstand einstecken (= Brennpunkte; Brennpunkte haben hier eine andere Funktion als bei Linsen). Rund um die Reissnägel oder die Holzstücke eine Schnur legen, die etwas länger ist, als die Entfernung der beiden Brennpunkte. Mit einem Bleistift die Schnur spannen und rundherum führen. Das ergibt immer eine Ellipse.

Ellipse wird zu Kreis

Geometrie

Ellipse wird zu Kreis

Material:
- Sperrholz
- Zimmermannswinkel

Vorbereitung:
Auf Sperrholz eine Ellipse zeichnen. Die Gärtnerkonstruktion ist auf der linken Seite beschrieben.
Die Ellipse aussägen.
Ev. einen Winkel aussägen:
(41 cm x 6 cm x 34 cm)
In die Winkelspitze ein Loch bohren.

Experiment:
Den Winkel rund um die Ellipse führen, beide Schenkel als Tangenten anliegend. Durch das Loch im Winkel einen Bleistift führen. Eine neue Figur, ein Kreis entsteht.

Erklärung:
Die Ellipse ist eine ovale Form, deren Namen auf das griechische élleipsis = "Mangel" zurückgeht. Ellipsen sind Kegelschnitte, welche von der Seite des Konus bis in die Horizontale führen. Ein rechter Winkel vervollständigt wieder den Kreis.
Tip: verschiedene Grössen von Ellipsen herstellen.

Zeichnungsmaschine

Material:
- Holzplatte (60 cm x 60 cm)
- runde Holzplatte (Durchmesser: 35 cm)
- Achse
- Laufrad
- ev. Motor
- Massstab mit Achse oder Reissschiene (40 cm)

Vorbereitung:
Die runde Holzplatte mit einer Achse auf die quadratische Holzplatte montieren. Auf die Achse hinter der quadratischen Platte ein Antriebsrad oder Motor montieren.
Das Lineal knapp über der runden Platte quer an einer Achse beweglich ausserhalb der runden Platte anbringen. Es soll über die runde Platte gelegt werden können.
Zeichenpapier auf der Scheibe festmachen.

Experiment:
Die eine Bewegungsmöglichkeit beschränkt sich auf den Stab. Einen Stift langsam mit stetiger oder veränderlicher Geschwindigkeit auf und ab führen. Gleichzeitig mit der Hand oder mit einem Motor die Scheibe drehen.

Erklärung:
Durch die kreisende Bewegung entstehen vielfältige Kreismuster.

Variante: alten Plattenspieler als Zeichenfläche verwenden.

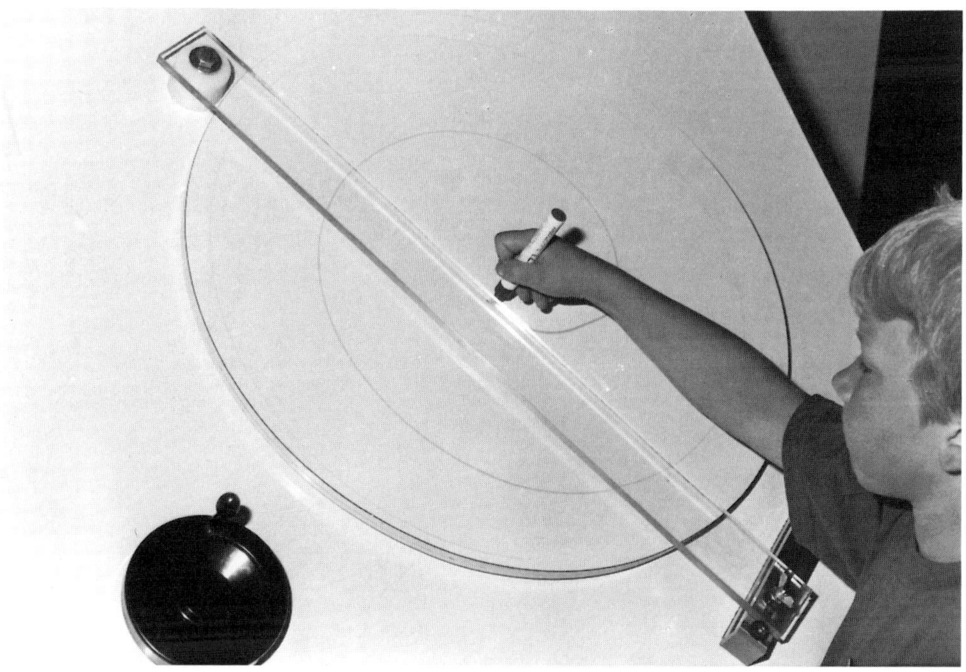

Geometrie

Archimedisches Mosaik

Material:
- farbiger Karton

Vorbereitung:
Aus dem farbigen Karton folgende geometrischen Figuren heraus-schneiden, je ca. 12 Stück:
- Sechseck
- Quadrat
- Dreieck
- Achteck

Alle Figuren müssen die exakte Seitenlänge von 10 cm aufweisen.

Experiment:
Die Figuren in regelmässigen Mustern zusammenfügen.

Erklärung:
Ganz verschiedene, regelmässige Muster können aus den regelmässigen Vielecken gebildet werden. Sie heissen "Archimedische Muster".
Mosaikbilder auf den folgenden Seiten.

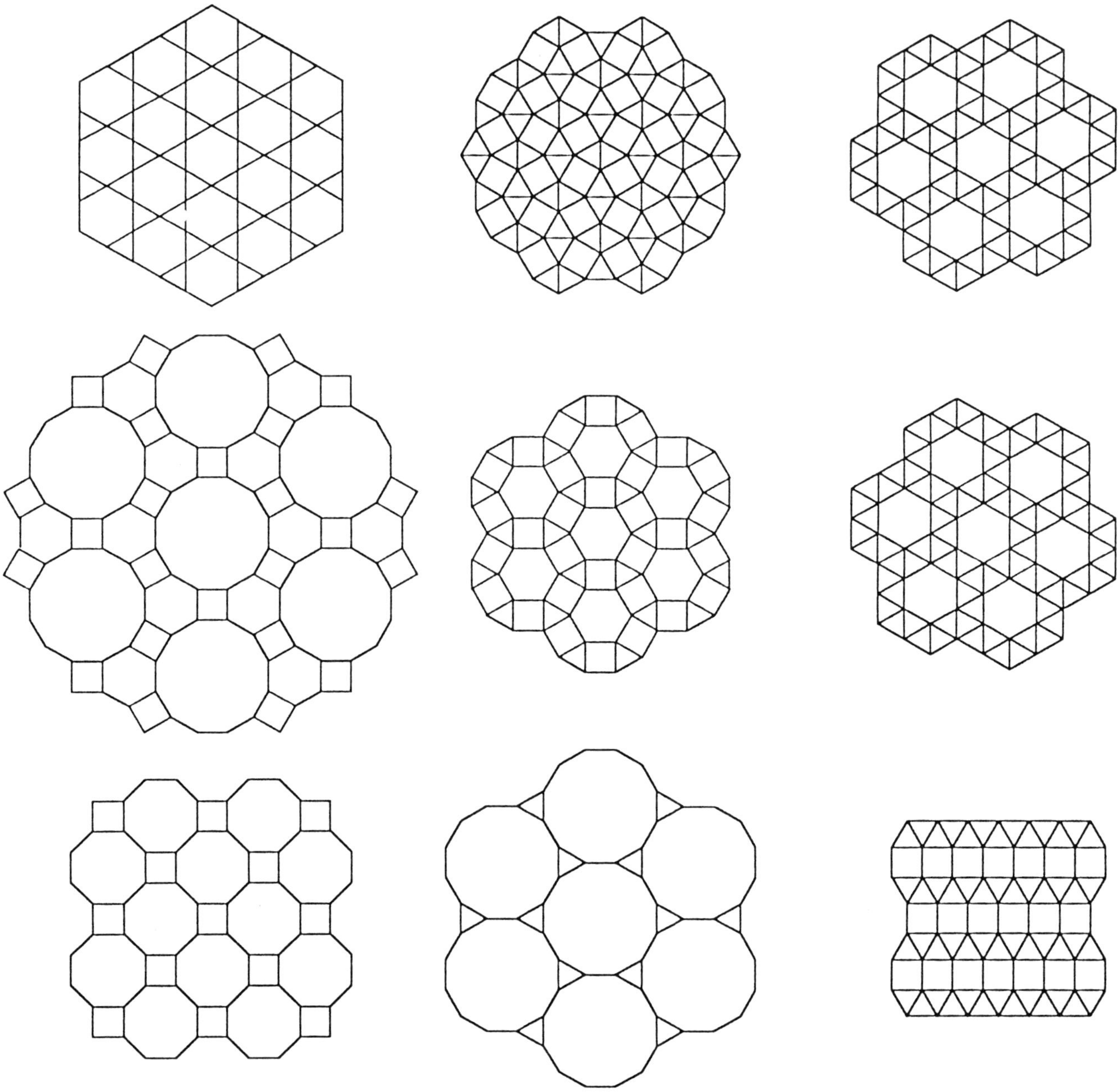

Geometrie

Drachen–Parkett

Material:
– farbiger Karton

Vorbereitung:
Zwei verschiedene Kacheln herstellen, je ca. 20 Stück.
Vorlage auf der folgenden Seite.

Experiment:
Eine grössere Fläche mit Kacheln bedecken. Ein rotations–symmetrisches Muster erzeugt eine 5– oder 10–fache Symmetrie.

Erklärung:
Ein periodisches Mosaik entsteht, wenn ein Grundmuster in zwei Richtungen fortgesetzt wird. Bei unregelmässigen Mosaiken gibt es keine Wiederholungssymmetrie längs einer Geraden, jedoch entsteht Spiegel– und Rotations–Symmetrie.

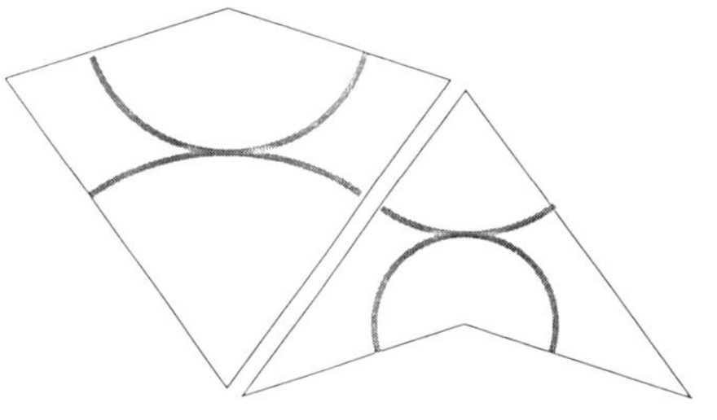

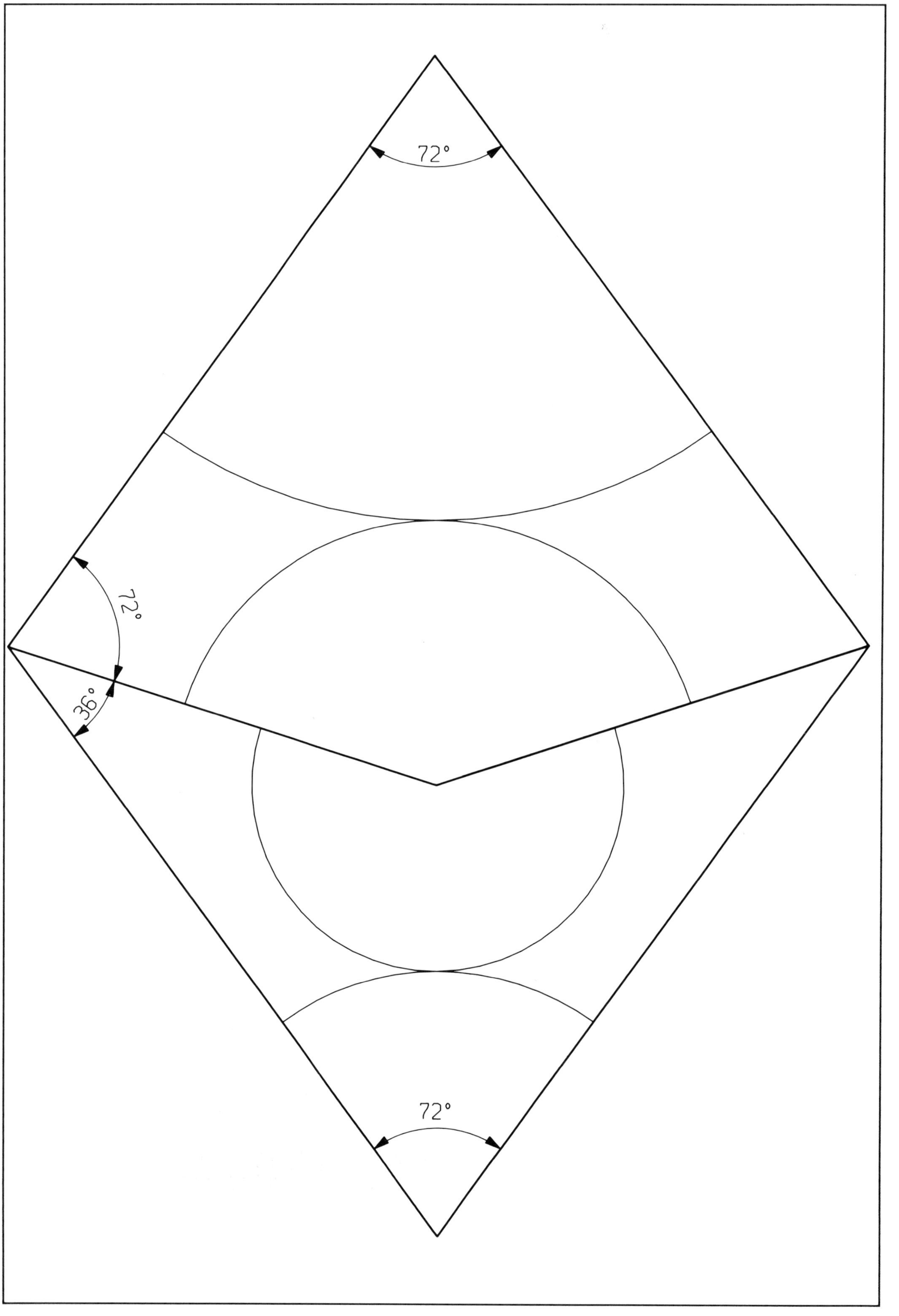
72°
72°
36°
72°

Geometrie

Thaleskreis–Schieber

Material:
- Holzplatte (60 cm x 60 cm)
- runde Holzplatte (Durchmesser: 35 cm)
- Winkel aus Plexiglas oder Holz (41 cm x 6 cm x 34 cm)
- 2 Holzschrauben (60 mm)
- Unterlagsscheiben
- Zeiger aus Holz

Vorbereitung:
Die runde Holzplatte zentrisch auf die quadratische Holzplatte kleben.
Im Winkel einen Mittelschlitz von 1 cm ausfräsen. Den Winkel mit den zwei Schrauben durch den Schlitz am äusseren Kreisrand rechts und links lose befestigen. Zeiger aussägen und an der Winkelspitze befestigen.

Experiment:
Den Winkel kann man von einer Seite zur anderen schieben. Die Winkelspitze wird zwar eigentlich durch zwei gradlinige Führungen bewegt, vollzieht aber eine Kurvenlinie.

Erklärung:
Die beiden Punkte des Kreises liegen auf dem Durchmesser, so dass die Verbindung zwischen ihnen durch das Zentrum des Kreises verläuft.
Die Gerade bildet einen Winkel von 180°. Somit hat der Winkel, welcher an der Kreis–Umfangslinie erscheint, und durch zwei solche Punkte gebildet wird, immer 90°, ist also immer ein rechter Winkel.
Mit dieser Methode kann man immer einen rechten Winkel konstruieren, mit einem Stück Schnur, einem Bleistift oder einem geraden Stab.

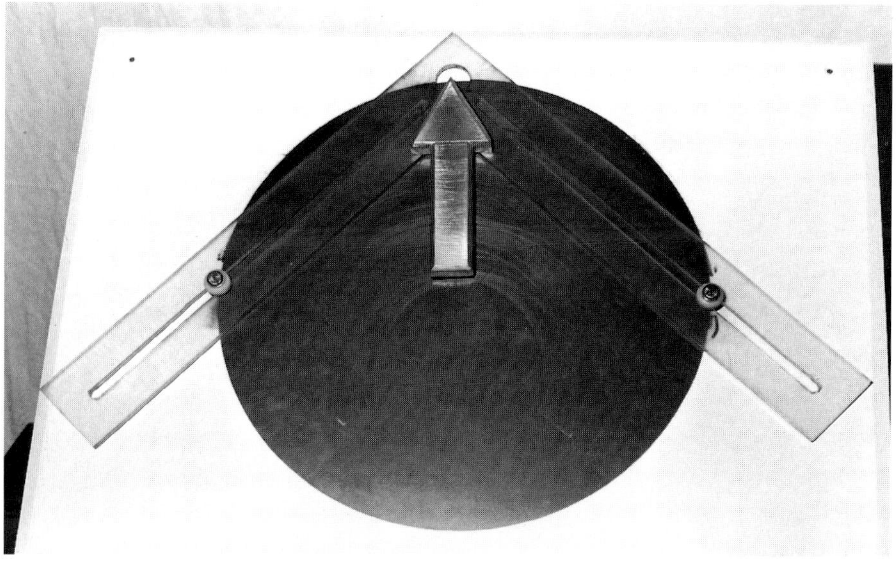

Geometrie

Faden–Modell

Material:
- 2 Holzleisten (4 cm x 4 cm x 50 cm)
- 1 Holzleiste (4 cm x 4 cm x 40 cm)
- 2 runde Holzscheiben
oder Holzräder
Sperrholz 10 mm
(Durchmesser 30 cm)
- Holzplatte (50 cm x 50 cm)
- Silchfaden (Fischer–Nylon)
- kleine Gewichte (z.B. Fischerei-Bleikugeln)
- 2 Stück Besenstielholz (5 cm lang)
- Unterlagsscheiben
- Rundkopfholzschrauben
(6 mm x 70 mm)

Vorbereitung:
Kleine Löcher im Abstand von 1 cm in die Holzscheiben bohren. (Beide Scheiben aufeinanderlegen.)
Die zwei langen Holzleisten auf die Holzplatte schrauben.
Abstand 40 cm.
Eine Holzscheibe mit einer Schraube auf die kleinere Leiste montieren. Die Leiste ganz oben zwischen den senkrechten Leisten befestigen. Sie muss beweglich sein. Die andere Scheibe mit den Besenstielstücken einklemmen und auf 20 cm Höhe zwischen den Leisten festschrauben. Unterlagsscheiben verwenden. Durch die Löcher Fäden ziehen, oben verknüpfen, unten bei 35 cm Länge kleine Gewichte anhängen.

Experiment:
Den oberen Ring leicht drehen, kippen, dann auch den unteren Ring leicht kippen. Hyperbolische Oberflächen entstehen.

Erklärung:
Schon beim geringfügigen Verdrehen des Zylinders entsteht gleich ein Hyperboloid. Nach einer Drehung von 180 Grad entsteht ein Doppelkegel, an dem die klassischen Kegelschnitte Kreis, Ellipse, Parabel und Hyperbel gezeigt werden können.

Geometrie

Dreieck im Quadrat

Material:
- ein Grundbrett (50 cm x 50 cm)
- 4 Leisten (1 cm x 0,5 cm)
- 1 Sperrholzplatte (30 cm x 30 cm)
- ein Stück Besenstiel

Vorbereitung:
Die Leisten in der Form eines quadratischen Bilderrahmens aufs Grundbrett nageln. Form aus Sperrholzplatte aussägen. Besenstiel im Zentrum befestigen.

Experiment:
Die gebogene Dreieckform im Rahmen drehen. Das Dreieck bleibt ständig mit allen vier Seiten des Quadrates in Berührung.

Erklärung:
Beim "Dreieck" handelt es sich um eine Fläche mit konstantem Durchmesser. Alle Abmessungen "quer" durch das Dreieck sind gleich gross. Die kurvenförmigen Seiten sind Teil eines mit einem Zirkel gezogenen Kreisabschnittes, wobei der Drehpunkt des Zirkels jeweils in der gegenüberliegenden Ecke liegt. Eine verwandte Anwendung findet man beim Wankelmotor.

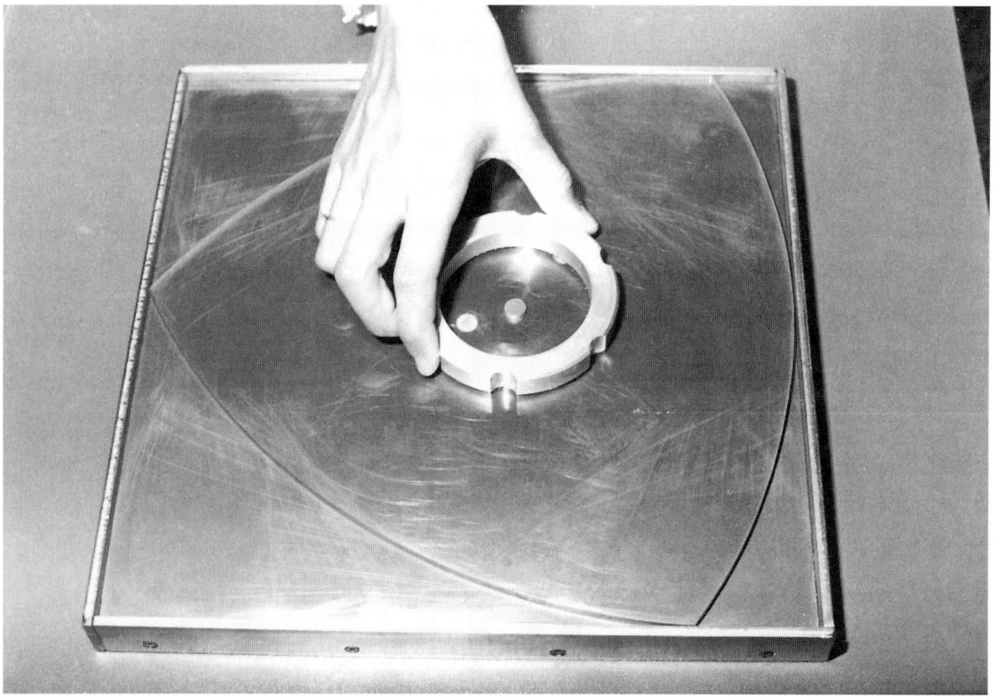

Geometrie

Fünfeck im Sechseck

Material:
- ein Grundbrett (50 cm x 50 cm)
- 6 Leisten (30 cm x 1 cm x 0,5 cm)
- eine Sperrholzplatte
(30 cm x 30 cm)
- ein Stück Besenstiel

Vorbereitung:
Die Leisten in der Form eines sechseckigen Bilderrahmens aufs Grundbrett nageln. Fünfeckform aus Sperrholzplatte aussägen. Besenstiel im Zentrum befestigen.

Experiment:
Die gebogene Fünfeckform im sechseckigen Rahmen drehen.

Erklärung:
Beim "Fünfeck" handelt es sich um eine Form mit konstantem Durchmesser. Alle Abmessungen "quer" durch das Fünfeck sind gleich gross.

Die Petersen-Struktur

Bei der Variante mit Elektrokabelröhren (1 m lang) ist es wichtig, in welcher Reihenfolge das Gummiband durchgezogen wird. Am besten numeriert man zuerst die 15 Röhren und bezeichnet jedes Ende mit einem (+) oder (–). Bei manchen Röhren muss man das Gummiband mehrfach durchziehen.
Die Reihenfolge lautet: +1, +2, +3, +4, +10, +15, +8, +3, +9, +12, +7, +2, –8, +14, +6, +1, –7, +11, –10, +5, –6, +13, +12, +11, +15, +14, +13, –9, +4, +5.

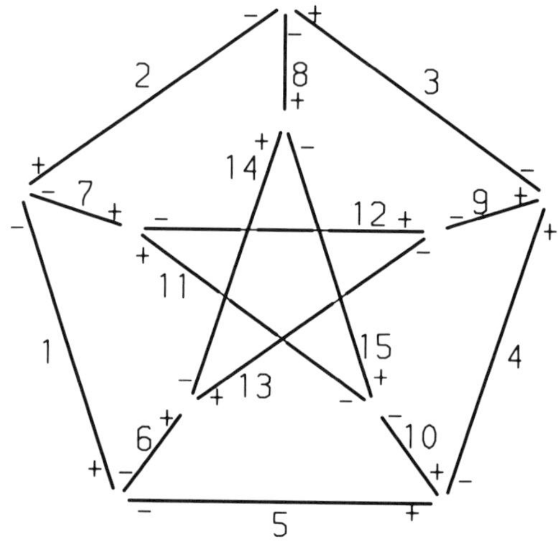

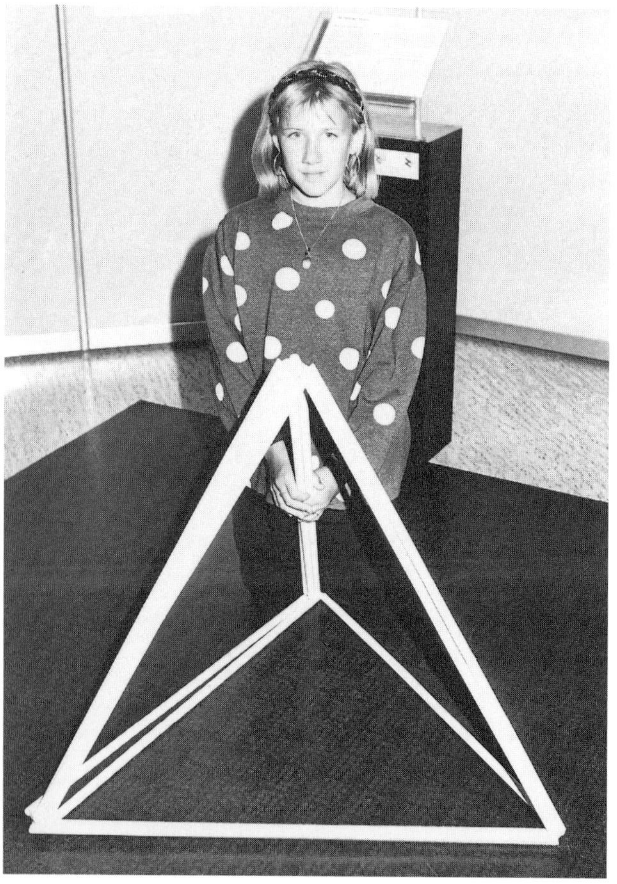

Geometrie

Die Petersen–Struktur

Material:
- 15 Holzstäbchen (15 cm lang)
z.B. Dübelstäbe
(10 mm Durchmesser)
- Schnur, ev. Gummiband
Variante:
Elektrokabelröhren
mit Gummischnur

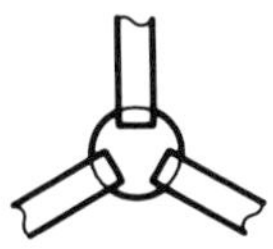

Vorbereitung:
In die Enden der Holzstäbchen seitlich kleine Löcher bohren.
Je 3 Enden zusammenbinden. Es gibt 10 Knotenpunkte.

Experiment:
Die Struktur so hinlegen, dass ein regelmässiges Fünfeck entsteht. Aus den verbleibenden Spreizen kann man einen fünfzackigen Stern formen.

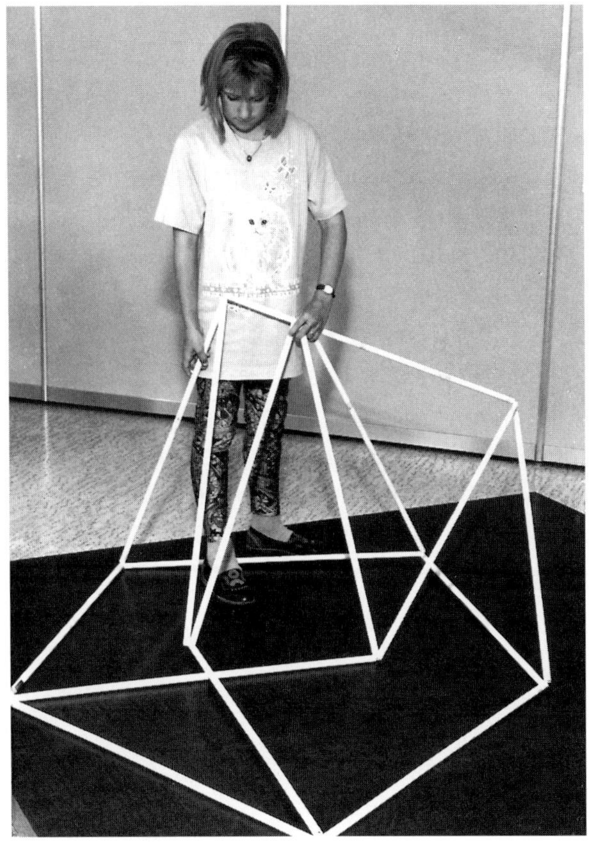

Erklärung:
Wenn man drei Verbindungen, die von einem beliebigen Punkt ausgehen, in ein einziges Bündel vereinigt, dann lassen sich aus den verbleibenden Verbindungen ein Sechseck, eine Pyramide oder zwei Tetraeder formen.

Man kann die gesamte Struktur auch zu einem einzigen Dreieck zusammenfügen.

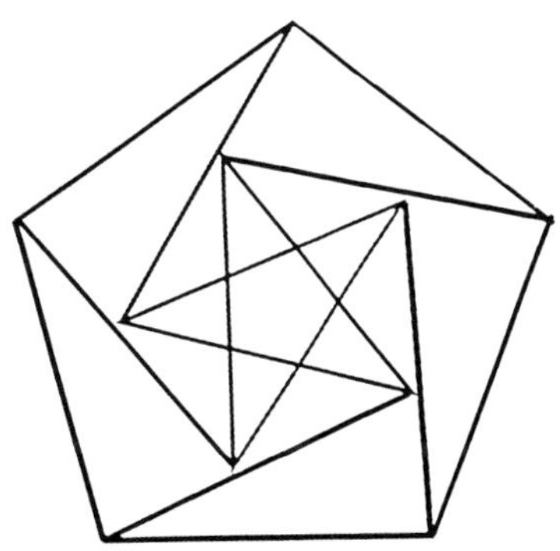

Flach auf eine Unterlage zu einem Fünfeck geformt, kann man ein inneres und ein äusseres Fünfeck erkennen und einen fünfeckigen Stern. Das sind magische Symbole.

Geometrie

Das Volumen einer Pyramide 1

Material:
- Styroporblock (9 cm hoch)

Vorbereitung:
Mit einer Styroporschneidemaschine 3 Würfel aus einem Styroporblock herausschneiden.
Seitenfläche: 9 cm x 9 cm
Zuerst alle Würfel diagonal durchschneiden, dann um eine Vierteldrehung verschieben und wieder diagonal durchschneiden.
2 Seitenflächen im Winkel von 45° werden so auf eine Spitze hin ausgeschnitten.

Experiment:
Aus den drei Körpern einen Würfel bilden.

Erklärung:
Das Volumen einer Pyramide berechnet man wie folgt:
1/3 x Grundfläche x Höhe

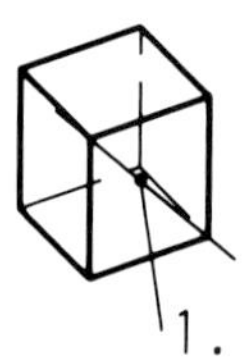
1. Schnitt

2. Schnitt

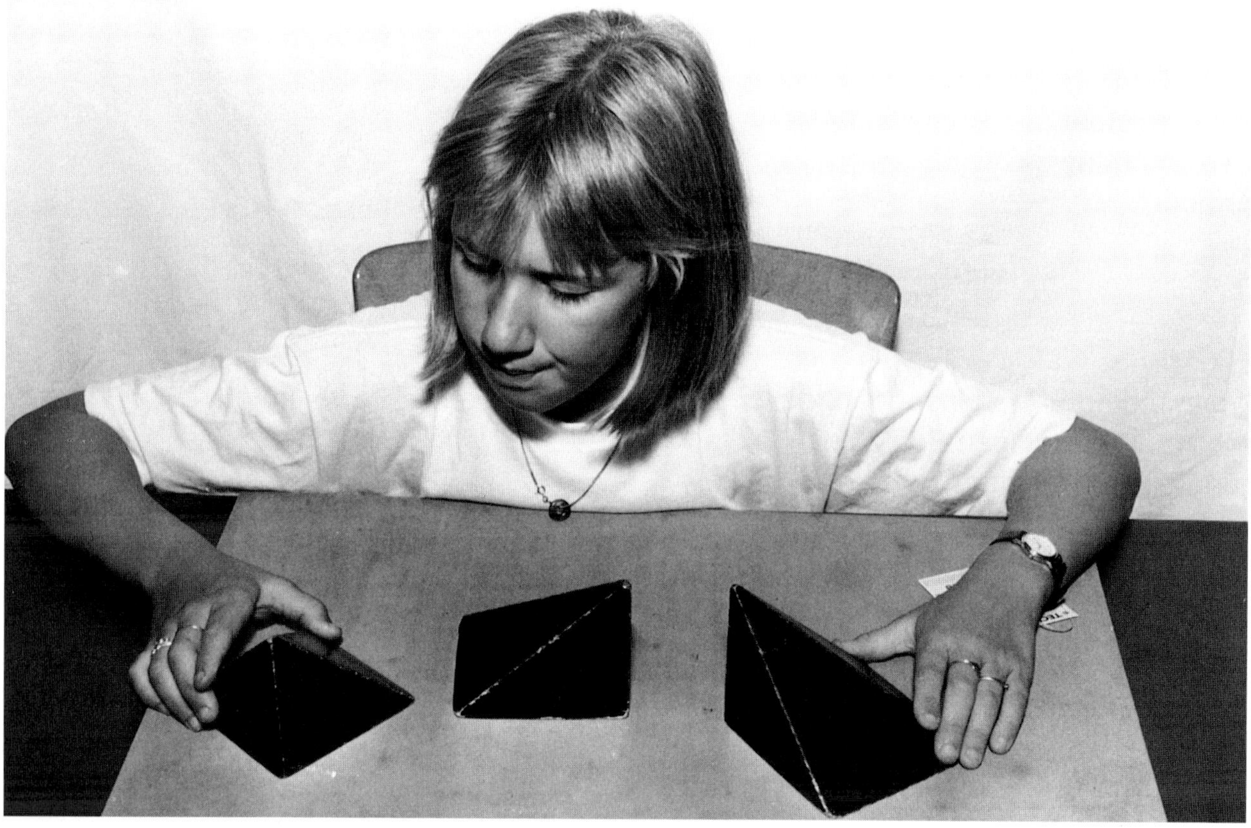

Geometrie

Das Volumen einer Pyramide 2

Material:
- Styroporblock (4,5 cm hoch)

Vorbereitung:
Mit einer Styroporschneidemaschine 6 Körper aus einem Styroporblock herausschneiden.
Grundfläche: 9 cm x 9 cm
Alle vier Seitenflächen im Winkel von 45° ausschneiden.

Experiment:
Aus den sechs Körpern einen Würfel bilden.

Erklärung:
Das Volumen einer Pyramide berechnet man wie folgt:
1/3 x Grundfläche x Höhe:

Die Pyramide ist halb so hoch wie der Würfel.

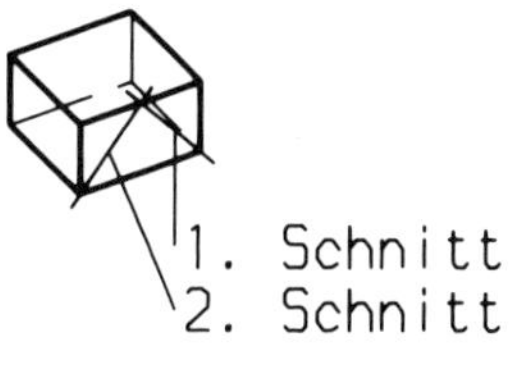

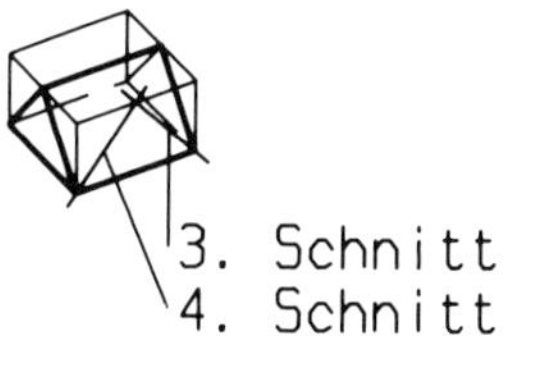

Geometrie

Polyeder–Spitzen

Material:
- Karton
- Gummiband

Vorbereitung:
Gleichseitige Dreiecke aus Karton schneiden (Seitenlänge: 25 cm).
An den Ecken kleine Löcher herausstanzen.

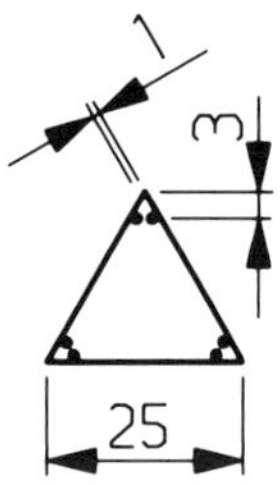

Experiment:
Drei, vier, fünf, sechs und sieben Dreiecke mit Gummiband zusammenfügen.
Nur Spitzen mit drei aneinanderstossenden Flächen sind stabil.

Erklärung:
Die Summe der Winkel beträgt $3 \times 60° = 180°$. Solche Spitzen bilden die Ecken bei Tetraedern.
Bei vier Seitenflächen beträgt die Summe der Winkel 240°.
Die Krümmung ist positiv, die Spitze konvex, nach aussen gewölbt.
Bei sechs Dreiecken ist die Summe der Winkel 360°. Die Krümmung ist also null.
Bei sieben Dreiecken beträgt die Summe der Winkel 420°.
Die Krümmung ist negativ.

Geometrie

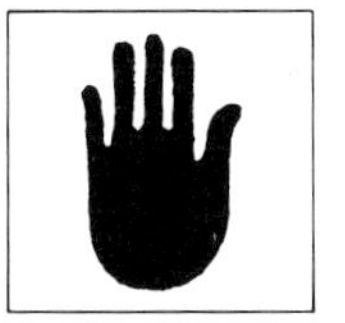

Kasten–Struktur

Material:
- Karton
- Gummiband

Vorbereitung:
22 Quadratplatten aus Karton schneiden (25 cm x 25 cm).
An den Ecken kleine Löcher herausstanzen.

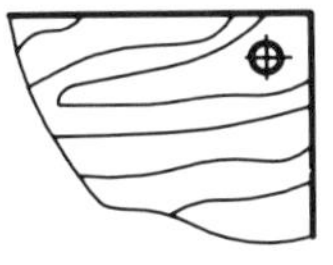

Experiment:
Platten in allen möglichen Variationen mit Gummiband zu unvollständigen und vollständigen Würfeln zusammenfügen. Erst der vollständige Würfel ist absolut starr und unbeweglich.

Erklärung:
Eine dünne Platte allein lässt sich leicht biegen; ein Quadrat innerhalb des Würfels jedoch kann nur mit sehr viel Kraftaufwand verformt werden. Erst wenn die sechs Quadrate zusammengefügt sind, hat man alle Beanspruchungsarten unter Kontrolle. Kasten–Strukturen findet man im Aussenskelett von Insekten und bei Pflanzen.

Geometrie

Dichteste Kugelpackung

Material:
- 20 grosse Styroporkugeln oder
- 20 grosse Holzkugeln
- Holzbrett als Unterlage

Vorbereitung:
Je 2 x 4 Kugeln in einer Reihe zusammenfügen, (schrauben oder leimen), dann 4 x 3 Kugeln.
In das Holzbrett Löcher bohren, im Abstand der Kugeln.

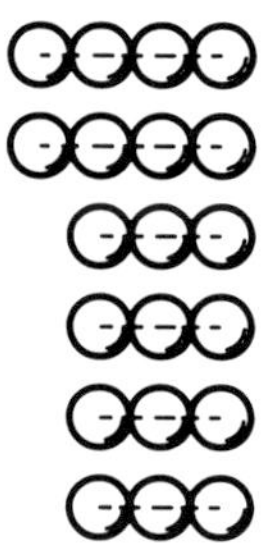

Experiment:
Die Kugeln möglichst eng aufeinanderstapeln. Die dichteste Kugelpackung ergibt eine Pyramide.

Erklärung:
Um eine Kugel reihen sich genau zwölf weitere Kugeln. Dies ist die dichteste Art, einen Raum mit Kugeln auszufüllen. Der Raum wird so zu 74% ausgefüllt.
Mögliche Kristallgitterstruktur.

Geometrie

Der Soma–Würfel

Material:
- Kantholz (8 cm x 220 cm)
- Leim

Vorbereitung:
Den Holzbalken in 27 exakte Würfel zersägen. Nach Vorlage drei oder vier Würfel zu den 7 verschiedenen Teilen zusammenleimen.

Experiment:
Aus den sieben Teilen einen Würfel herstellen.
Aus den sieben Teilen lassen sich auch Bögen, Mauern, Sockel, Denkmäler, Türme, Schlangen, Schiffe, Burgruinen und noch vieles mehr bauen.

Erklärung:
Die sieben Teile des Soma–Würfels repräsentieren alle "krummen" Arten, in die man drei oder vier Würfel anordnen kann.

Weitere Formen aus den Soma–Würfel–Teilen auf der folgenden Seite.

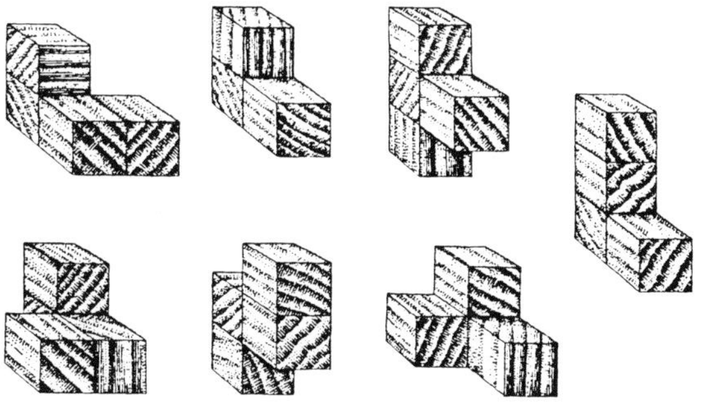

Geometrie

Mäander-Spiel

Material:
- Sperrholzbrett (34 cm x 34 cm)
- 2 Leisten (2 cm x 34 cm)
- 2 Leisten (2 cm x 30 cm)
- Sperrholz
(24 Stück, 6 cm x 6 cm)

Vorbereitung:
Auf das Sperrholzbrett die Leisten als Rahmen annageln. Die quadratischen Sperrholzstückchen mit Farbe grundieren. Viertelkreise von je einer gegenüberliegenden Ecke zeichnen.

Experiment:
Die Plättchen in die Ausgangsposition legen. Auf dem ganzen Feld bilden die Viertelkreise auf den Plättchen Kreise.
Ein Feld bleibt leer.

Erklärung:
Ziel des Spieles ist es, eine ununterbrochene Mäanderlinie aus mindestens drei Einzelquadraten zu erzeugen, so dass zwei beliebige Seiten des Spielbretts verbunden werden.

Startposition

Zielposition

Geometrie

SIM–Spiel

Material:
- Holzbrett (60 cm x 60 cm)
- grünes Seil (4 m)
- rotes Seil (4 m)

Vorbereitung:
Auf ein Holzbrett ein Sechseck zeichnen und aussägen. An den Ecken eine halbrunde Aussparung heraussägen.
Aus den Seilen je 8 x 50 cm lange Stücke abschneiden.

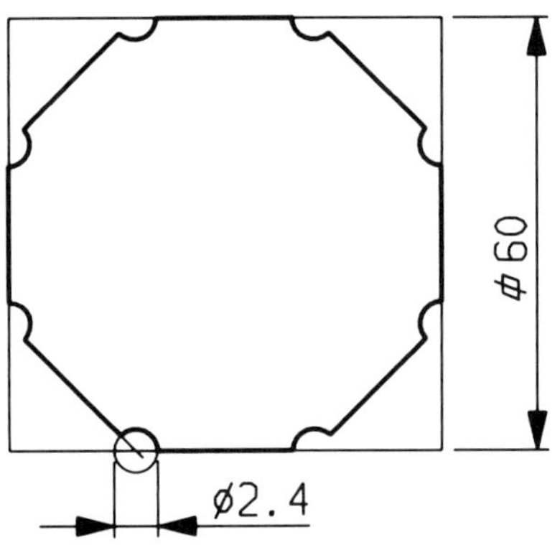

Experiment:
Pro Spielzug plaziert jeder der 2 Spieler ein Seil. Ein einziges Seil darf die gleichen zwei Aussparungen verbinden.

Erklärung:
Der Spieler, der zuerst ein "Dreieck" machen muss, hat verloren. Unter einem "Dreieck" ist eine geschlossene Figur aus drei Seilen der gleichen Farbe zu verstehen.
Ein Unentschieden ist bei diesem Spiel ausgeschlossen.

Statik

Der Ziegel fällt nicht runter

Material:
- 6 Ziegelsteine oder Holzklötze

Vorbereitung:
Ziegelsteine mit der Längsseite gegen sich stapeln.

Experiment:
Den obersten Klotz so weit nach rechts schieben, dass er möglichst weit über den darunterliegenden hinausragt, ohne dass er herunterkippt. Den zweitobersten mit dem obersten über den dritten Klotz wieder nach rechts schieben, dann den nächsten usw.
Es ist möglich, dass der oberste Ziegel über die ganze Länge des untersten hinausragt.

Erklärung:
Der Schwerpunkt des ersten Blockes liegt knapp vor dem Ende des zweiten, der gemeinsame Schwerpunkt der beiden vor dem Ende des dritten usw.
Das Ende jedes darunterliegenden Klotzes wird zum Drehpunkt für die gesamte Last der darüberliegenden Blöcke. Der erste Block ragt 1/2 seiner Länge, der zweite 1/4, der dritte 1/6 usw. über den darunterliegenden. Daraus ergibt sich eine harmonische Reihe:
1/2 + 1/4 + 1/6 + 1/8 + 1/10 etc.

Statik

Balken steifmachen

Material:
- 20 Bretter (120 cm x 12 cm aus Sperrholz, 6 mm)
- Schraube (10 mm x 80 mm)
- Seil

Vorbereitung:
Je 10 Bretter übereinanderlegen. Die Bretterbeigen nebeneinander auf einem Tisch mit Schraubzwingen befestigen. 60 cm müssen über den Tischrand ragen.
Durch eine der Bretterbeigen am Ende ein Loch bohren und mit einer grossen Schraube verbinden.
Die 2. Beige mit einem Seil zusammenbinden.

Experiment:
Auf die Enden drücken. Die verschraubten Bretter sind bedeutend steifer.

Erklärung:
Wird ein freies Balken-Ende verleimt oder verschraubt, vergrössert sich die Steifheit (Stabilität) um ein Mehrfaches. Die oberen Schichten werden auf Zug, die unteren auf Druck beansprucht.

Statik

Spitzbogen und Strebewerk

Material:
- Kantholz (7 cm x 7 cm)
- Holzplatte (20 cm x 75 cm)
- 1 Scharnier
- Gummischnur
- Schrauben

Vorbereitung:
Spitzbogen und Strebewerk auf Papier zeichnen. Die einzelnen Teile aus Kantholz präzise aussägen. Die drei Stützen fest mit der Bodenplatte verschrauben. Die drei Elemente des Strebewerks mit einem Scharnier auf der ersten Stütze befestigen. Durch alle Einzelteile zwei Löcher in Längsrichtung bohren. Mit der Gummischnur verbinden.

Masse:
Zwischenabstand Hauptpfeiler: 30 cm
Hauptpfeiler–Stützpfeiler: 20 cm
Höhe Stützpfeiler: 18 cm
Höhe Hauptpfeiler: 28 cm
Höhe Spitzbogen: 47 cm

Experiment:
Das Strebewerk wegklappen und leicht von oben auf den Spitzbogen drücken. Der Pfeiler kippt rasch weg. Das Strebewerk hochklappen und leicht gegen den Pfeiler festhalten. Erneut von oben auf den Spitzbogen drücken. Er hält jetzt viel mehr Kraft aus. Er ist stabiler geworden.

Erklärung:
Gewölbepfeiler, z.B. bei Kathedralen, müssen nicht nur die nach unten, sondern auch die nach aussen gerichteten Kräfte aufnehmen. Pfeiler und Wände müssten mit zunehmender Höhe unmässig dimensioniert werden, um die seitlich wirkenden Kräfte aufzunehmen. Um das zu vermeiden, werden Pfeiler in ihrem oberen Teil durch ein Strebewerk entlastet, das die seitlich gerichteten Kräfte auffängt und ins Fundament leitet.

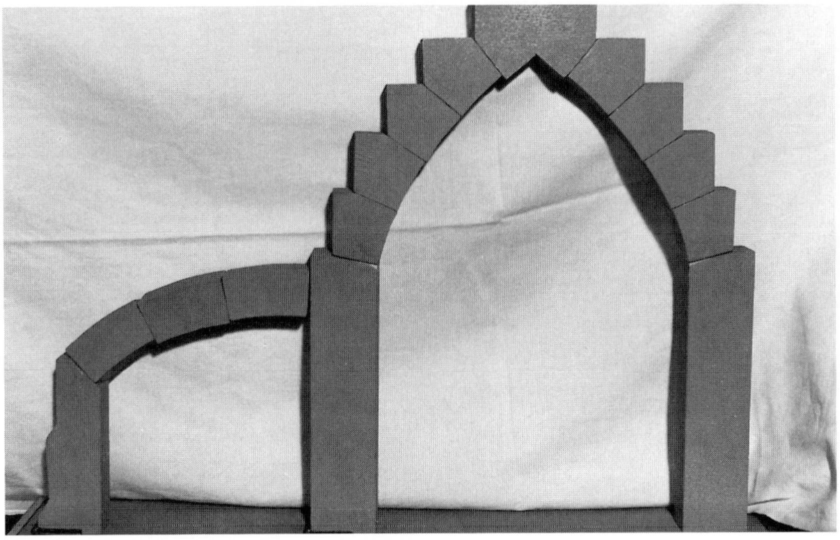

Statik

Bogen mit Zinnen

Material:
- Kantholz (7 cm x 7 cm)
- Holzplatte (20 cm x 75 cm)
- Bleistück
- Schrauben

Vorbereitung:
Bogen und Pfeiler auf Papier zeichnen. Die einzelnen Teile aus Kantholz präzise aussägen. Die Endstützen fest mit der Bodenplatte verschrauben.
Einen Holzklotz mit Blei ausgiessen oder ein Loch in ein Holzstück bohren und ein Bleistück hineingeben.

Masse:
Zwischenabstand der Pfeiler: 48 cm
Höhe des Bogens: 12 cm

Experiment:
Den Bogen ohne das Gewicht zu bauen versuchen. Es geht nicht. Erst mit dem Widerlager wird der flache Bogen stabil.

Erklärung:
Das Gewicht des Bogens ruht auf den Endstützen, aber es gibt auch eine Kraftkomponente, die seitlich nach aussen drückt. Es sind also zwei Kräfte, deren Resultierende eine Wand oder einen Pfeiler nach aussen schiebt.
Beim ersten Versuch ohne das Gewicht verläuft die Kraft nach aussen.
Ein Gewicht lenkt die Resultierende der Kräfte stärker nach unten und verläuft innerhalb der Mauer.

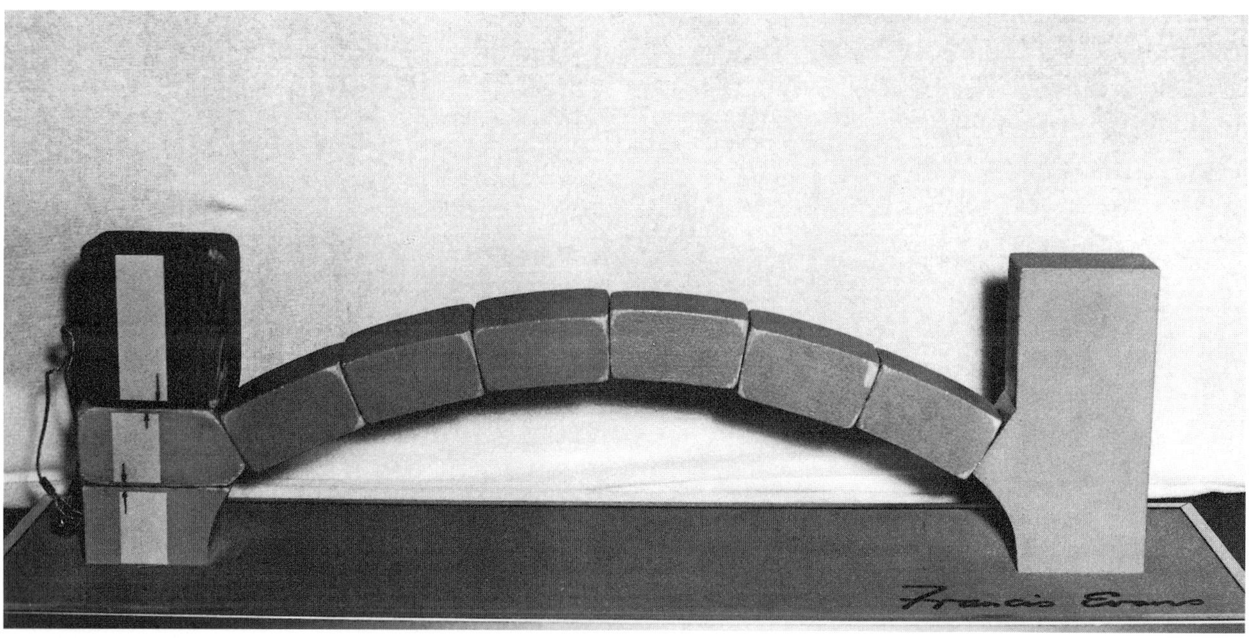

Statik

Der Vier–Scharnier–Bogen

Material:
- Kantholz (7 cm x 7 cm)
- Holzplatte (20 cm x 75 cm)
- Gummischnur
- Schrauben

Vorbereitung:
Bogen auf Papier zeichnen. Die einzelnen Teile aus Kantholz präzise aussägen. Die beiden Stützelemente fest mit der Bodenplatte verschrauben. Durch alle Einzelteile zwei Löcher in Längsrichtung bohren. Mit der Gummischnur verbinden.

Masse:
Zwischenabstand der Pfeiler: 45 cm
Bogenhöhe: 24 cm

Experiment:
Einen der Blöcke nach unten drükken. Der Bogen verformt sich. Dabei weichen die Blöcke immer an vier Drehpunkten aus.

Erklärung:
Bogenkonstruktionen versagen in der Regel, weil die Schubkraftlinie ausserhalb des Mauerwerks gerät, seltener, weil die Steine selbst zerbrechen oder zermalmt werden. Wenn aber ein Bogen einstürzt, tut er dies immer über vier Drehpunkte oder Bruchstellen, weil erst eine Form mit mindestens vier Drehpunkten einen Mechanismus darstellt und sich bewegen kann.

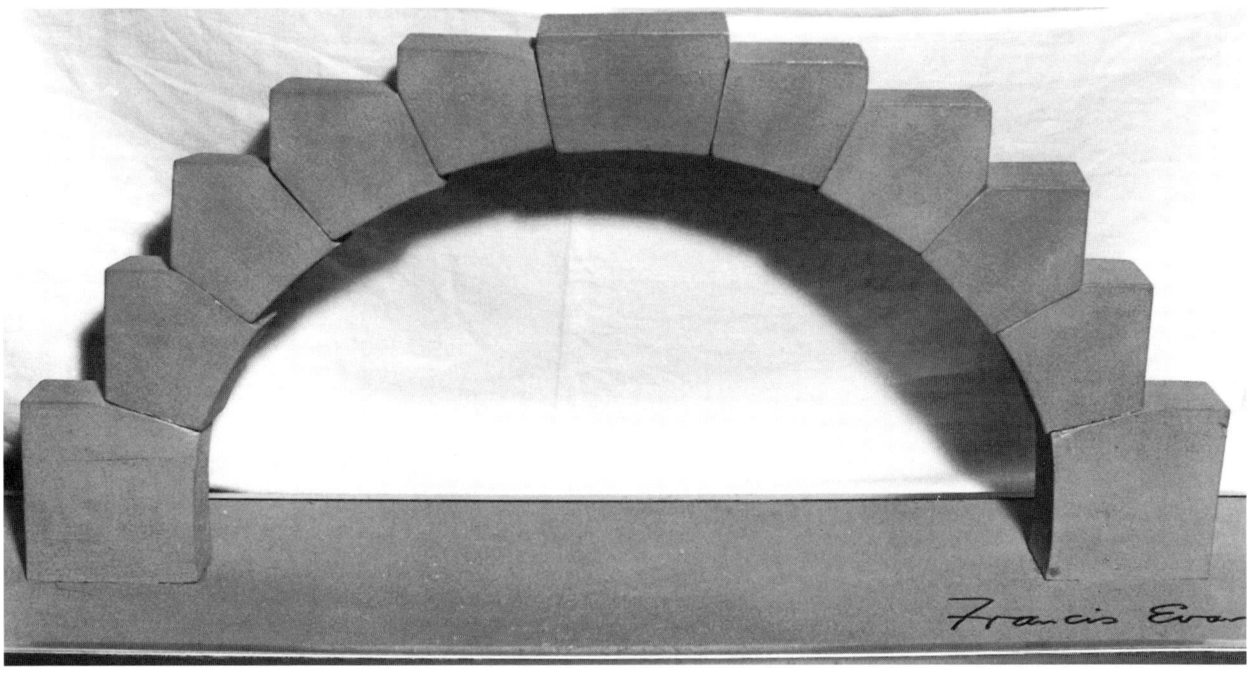

Statik

Flachbogen

Material:
- Kantholz (7 cm x 7 cm)
- Holzplättchen (2 cm x 4 cm x 7 cm)
- Gummischnur
- Schrauben

Vorbereitung:
Aus Kantholz zwei Widerlager sägen. Ein Lager fest mit der Grundplatte verschrauben. In das andere Lager in Längsrichtung eine Nut fräsen. Auf der Bodenplatte eine entsprechende Schiene anschrauben.
Durch alle Holzplättchen zwei Löcher bohren.
Mit der Gummischnur verbinden.

Experiment:
Das verschiebbare Widerlager fest nach unten halten und auf den flachen Bogen drücken. Man muss viel Kraft auf das Widerlager geben, um zu verhindern, dass die Brücke einstürzt.

Erklärung:
Je flacher der Bogen, um so grösser der seitliche Schub. Er ist grösser als das gesamte Gewicht des Bogens. Je flacher man eine Brücke baut, um so stärker müssen die Widerlager sein.

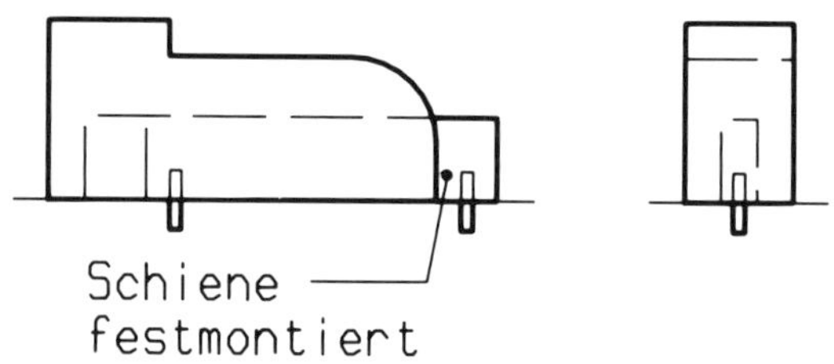

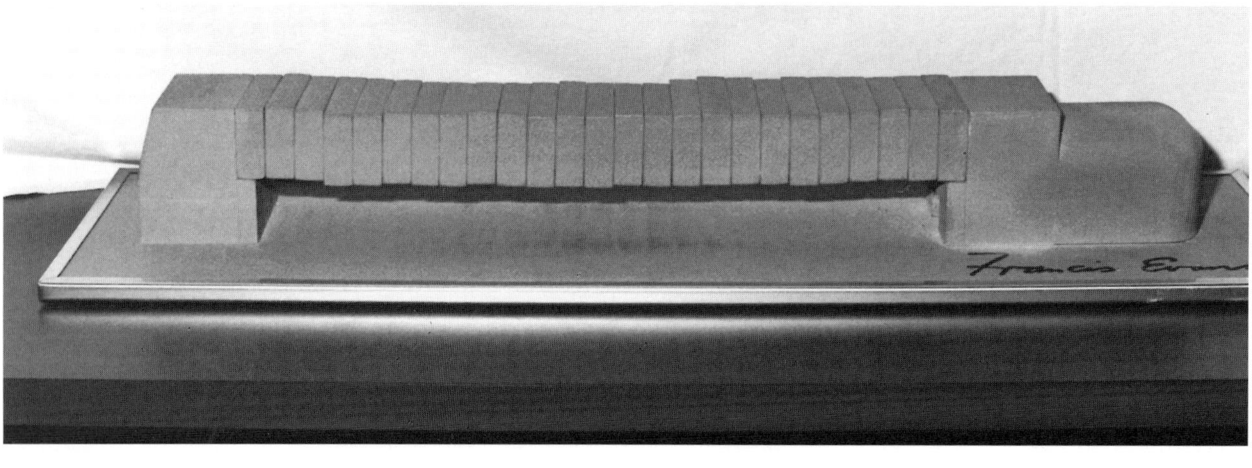

Statik

Regenbogen–Brücke

Material:
- Kantholz (7 cm x 7 cm)
- Holzplatte (20 cm x 75 cm)
- Schrauben

Vorbereitung:
Bogen auf Papier zeichnen. Die einzelnen Teile aus Kantholz präzise aussägen. Die beiden Widerlager fest mit der Bodenplatte verschrauben.

Masse:
Zwischenabstand Widerlager: 29 cm
Bogenhöhe: 16 cm

Experiment:
Die Holzblöcke so zwischen die Widerlager zusammenfügen, dass sie einen Bogen bilden. Man kann sich mit dem ganzen Körpergewicht auf diese Brücke stützen, aber nur genau senkrecht von oben.

Erklärung:
Solche Bögen sind stabil genug, weil die Kraftlinie innerhalb des Bogens verläuft und als reine Druckkraft auftritt. Wenn man Dinge zusammendrückt, braucht man keine weiteren Hilfsmittel. Allerdings müssen die Widerlager sehr stark sein. Wenn sie nachgeben, fällt alles zusammen. Viele Materialien sind nur auf Druck belastbar. Ringe und Ketten aus Stein reissen leicht und sind kaum belastbar. Bögen sind seit Jahrhunderten zumeist aus Stein.

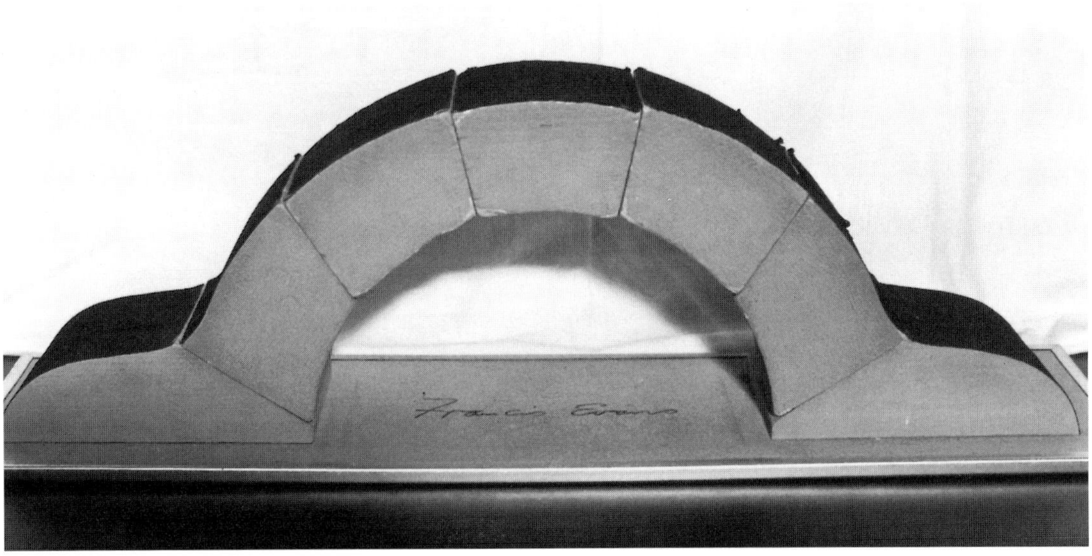

Statik

Wackel–Brücke

Material:
- Kantholz (7 cm x 7 cm)
- Holzplatte (20 cm x 75 cm)
- Gummischnur
- Schrauben

Vorbereitung:
Brückenform auf Papier zeichnen. Die einzelnen Teile aus Kantholz präzise aussägen. Die beiden Stützen fest mit der Bodenplatte verschrauben. Durch alle Einzelteile zwei Löcher in Längsrichtung bohren.
Mit der Gummischnur verbinden.

Masse:
Zwischenabstand der Pfeiler: 40 cm
Bogenhöhe: 20 cm
Gesamthöhe: 27 cm

Experiment:
Die Brücke aus den abgerundeten Klötzen bauen. Die Brücke wackelt wie Gelee. Der Bogen verformt sich und die Berührungsflächen der Blöcke verschieben sich untereinander.

Erklärung:
Weil die Bausteine bogenförmige Flächen haben, stossen sie in einer Berührungslinie zusammen. Diese Berührungspunkte bilden die Schublinie des Bogens.
Die Konstruktion ist nicht steif, sondern wackelig, sie hält sich im Gleichgewicht.

Statik

Begehbare Hängebrücke

Material:
- 4 Pfosten (2 m)
- 2 Balken (6 cm x 6 cm x 300 cm)
- 2 Doppellatten (50 cm)
- 2 Seile (7 m)
- starke Nylonschnüre
- 40 Seilbriden
- 10 Bodenbretter (20 cm x 50 cm)
- 4 Heringe

Vorbereitung:
Vier Pfosten im Abstand von 3 m in den Boden rammen. Zwei Balken auf 1 m Höhe verbinden die Pfosten in Längsrichtung. Je zwei Pfosten mit Doppellatten quer auf 50 cm Höhe verbinden.
Seil über die Pfostenspitze führen. Mit Heringen im Boden fixieren. In die Bodenbretter an den Ecken Löcher bohren. Die Nylonschnüre längs und übers Kreuz durch die Löcher in den Bodenbrettern ziehen und am hängenden Seil mit Seilbriden befestigen. Die Bodenbretter sollen alle gleich hoch hängen, ev. die Ecken noch zusätzlich mit Nylonschnur verbinden.

Experiment:
Ueber die Brücke gehen und beobachten, wie sich die einzelnen Bodenbretter bewegen.

Erklärung:
Wie bei der Wackelbrücke verteilt sich die Last auf alle Aufhängepunkte. Die Brücke ist nicht stabil, sie verändert bei jedem Schritt die "Schublinie".

Statik

Tisch mit losen Beinen

Material:
- zwei runde Holzplatten
(Durchmesser 80 cm)
- 6 Holzstäbe
(Durchmesser 10 mm)
(3 x 47,3 cm) A
(2 x 46,7 cm) B
(1 x 45 cm) C

Vorbereitung:
Auf beiden Platten ein gleichseitiges Dreieck markieren. Aus den drei längsten Stäben über dem ersten Dreieckspunkt (A) ein Dreibein erstellen. Es muss die Höhe des kürzesten Stabes (C) aufweisen. Ueber dem zweiten Dreieckspunkt aus den zwei mittleren Stäben (B) ein Zweibein erstellen, wieder so hoch wie der kürzeste Stab (C). Der kurze Stab (C) ergibt die dritte Stütze. An allen Punkten mit einem Bohrer eine runde Vertiefung bohren.

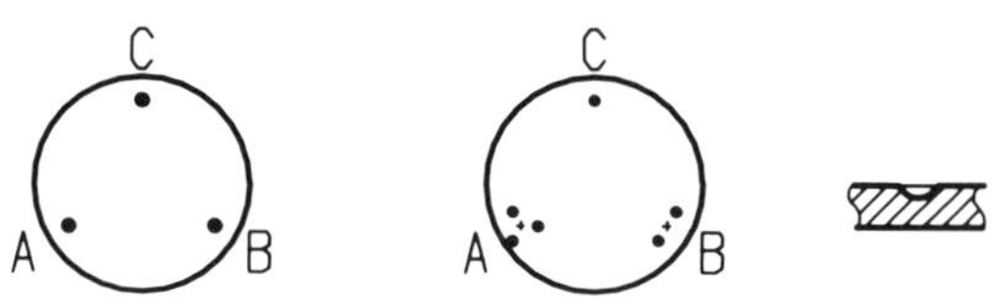

Experiment:
Die Stäbe in die entsprechenden Ausbohrungen stecken. Der Tisch steht von selbst und ist recht stabil.

Erklärung:
Die drei Beine A bestimmen einen Punkt der Tischplatte. Die zwei Beine B verhindern, dass sich der Tisch dreht. Das Bein C verhindert, dass der Tisch umkippt.

Mechanik

Tadsch Mahal's Tochter

Material:
- Messingdraht (ca. 60 cm)
- 18 Schmuckperlen
- Kabelverkleidungsstücke (5 mm lang)

Vorbereitung:
Aus Messingdraht zwei Reifen (Durchmesser 7,5 cm) und 45 Halbkreise formen. Die Enden von je neun Halbkreisen nach oben und je neun Halbkreisen nach unten um einen Reif umbiegen. In die Zwischenräume eine Perle stecken. Zwei derartige Konstruktionen durch Kabelverkleidungsstücke miteinander verbinden.

Experiment:
Es lassen sich verschiedene Mandala-Formen bilden. Die Halbkreise können nach innen oder nach aussen gewölbt werden. Siehe die folgenden Seiten.

Erklärung:
Ein Mandala ist eine abstrakte oder bildhafte Darstellung zur Meditationshilfe im Tantrismus. Neben Zeichen oder Bildern von Heiligen können die meist viereckigen Mandalas auch Silbenzeichen enthalten. Die Herstellung der Mandalas ist an feste Regeln gebunden.
Tadsch Mahal's Tochter ist ein bewegliches Mandala. Ursprünglich wurde es mit Golddraht, Korallen und Türkisen gefertigt. Auch heute noch wird das Mandala in verschiedensten Versionen in Handarbeit hergestellt. Das ursprüngliche Mandala ist in sieben Halbkreise geteilt, welche die damals bekannten sieben Planeten darstellen (heute sind es eben neun).

Die Sonne: *In der ersten Position ist das Mandala geschlossen. Es symbolisiert die Sonne als Ursprung allen Lebens und ist gleichzeitig Sinnbild für das Atom als kleinsten Baustein des Kosmos.*

Der Himmel: *Wenn man den oberen Kranz des Mandalas schliesst, so entsteht die Wölbung der Himmelskuppel. Sie ist das Symbol für Freiheit und Unendlichkeit der geistigen Energie.*

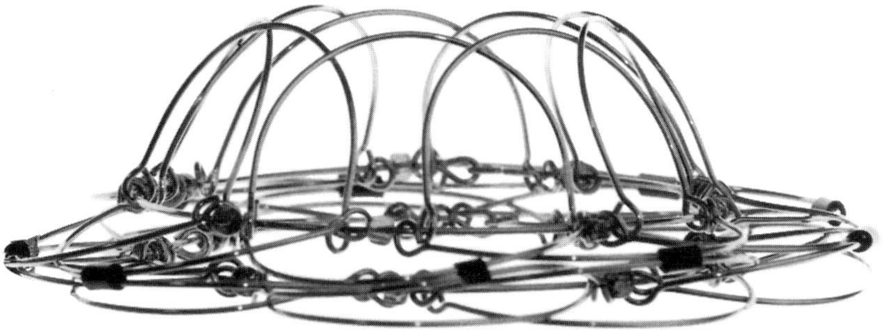

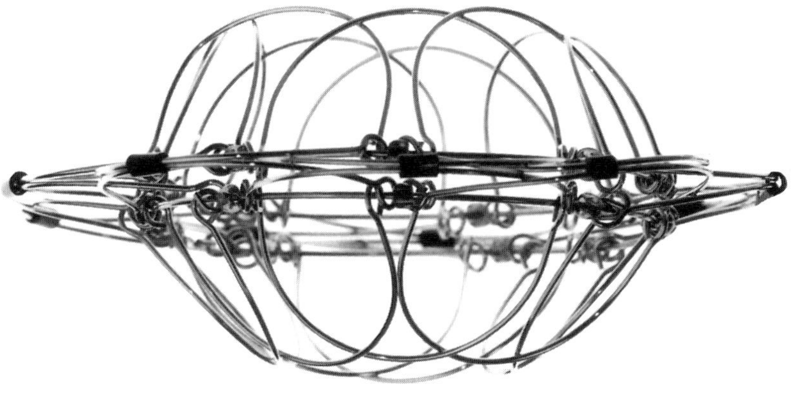

Die Erde: *Nun wird auch der untere Kranz des Mandalas geschlossen. Dabei entsteht ein Innenraum, der die Einheit von Himmel und Erde, wie auch von Materie und Geist darstellt.*

Das Ei: *Wenn man das Mandala an den beiden zuletzt gewölbten äusseren Bögen leicht auseinanderzieht, entsteht die Ei-Form. Sie ist uraltes Symbol für Fruchtbarkeit.*

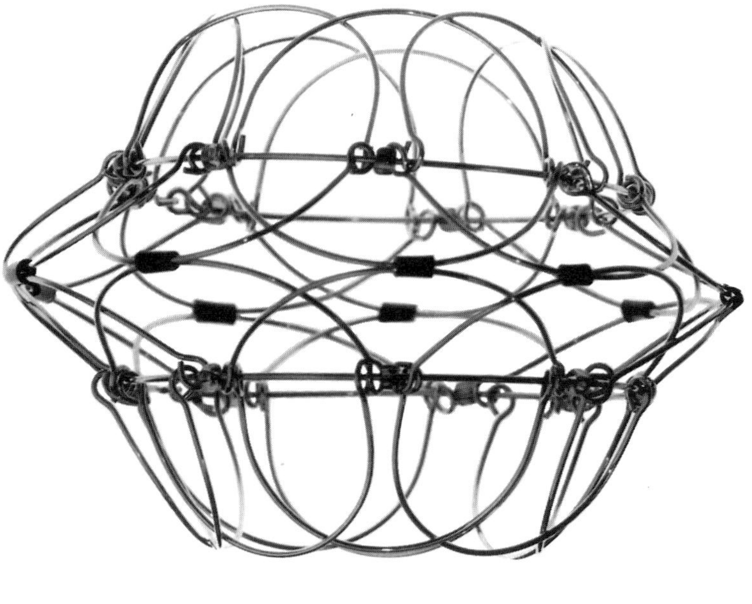

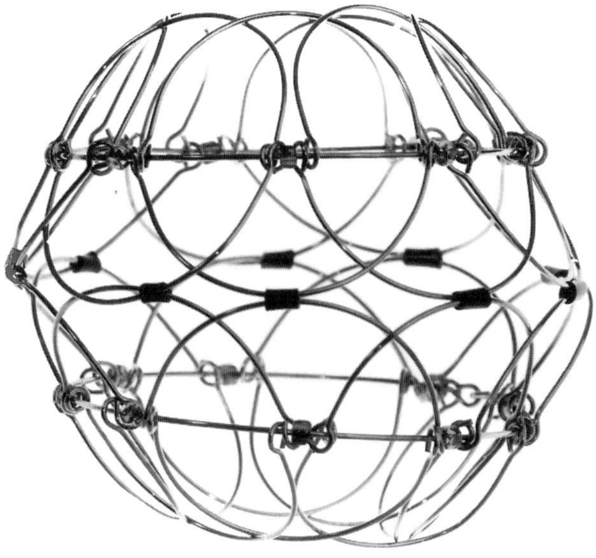

Der Kosmos: *Wie bei der Eiform zieht man an den äusseren Kränzen weiter – bis zur Kugel. In ihr kann man modellhaft ein Bild des Kosmos sehen, der den Ursprung aller Erscheinungen beinhaltet.*

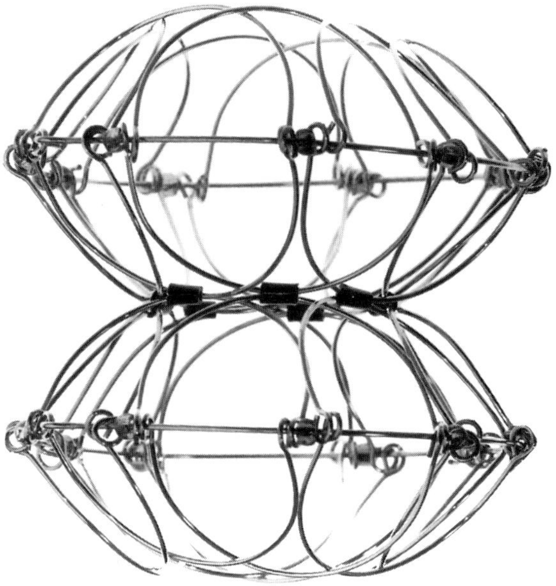

Die Gegensätze: *Wenn man die Kugel in der Mitte zentriert, entsteht die Doppelfigur Yin und Yang. In ihr verbinden sich gleichwertige Gegensätze zur Einheit.*

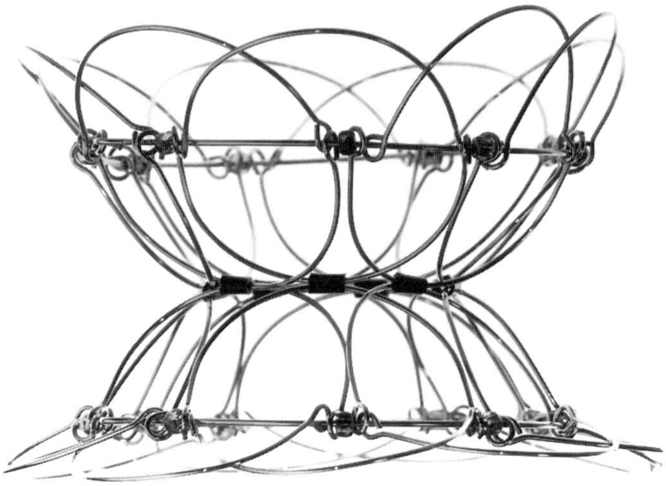

Die Sanduhr: *Durch Oeffnen der äusseren Kränze erscheint das Bild der Sanduhr. Sie symbolisiert den Ablauf der Zeit, die in unermüdlichem Kreislauf das Volle mindert und das Leere füllt.*

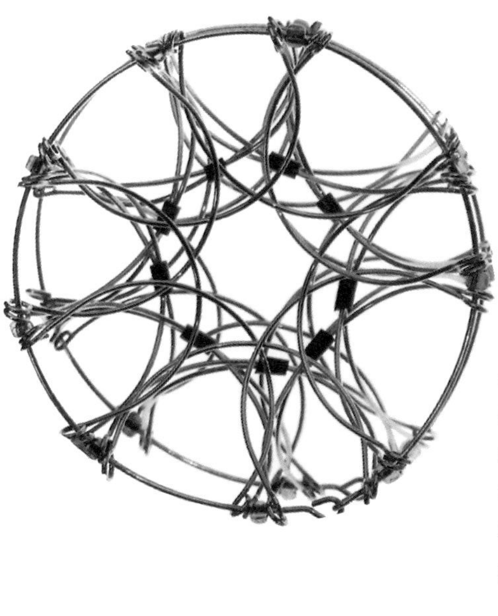

Das Rad: *Nun werden die äusseren Kränze einfach bis zur zentrierten Mitte aussenherum weitergedreht. Dadurch entsteht das Rad als Symbol für Bewegung.*

Die Leere: *Durch Erweiterung der Kreismitte entsteht die letzte Figur. In ihr ist schon der Neubeginn enthalten. Durch Zusammendrücken der Ringe schliesst sich das Lebensrad zur Sonne.*

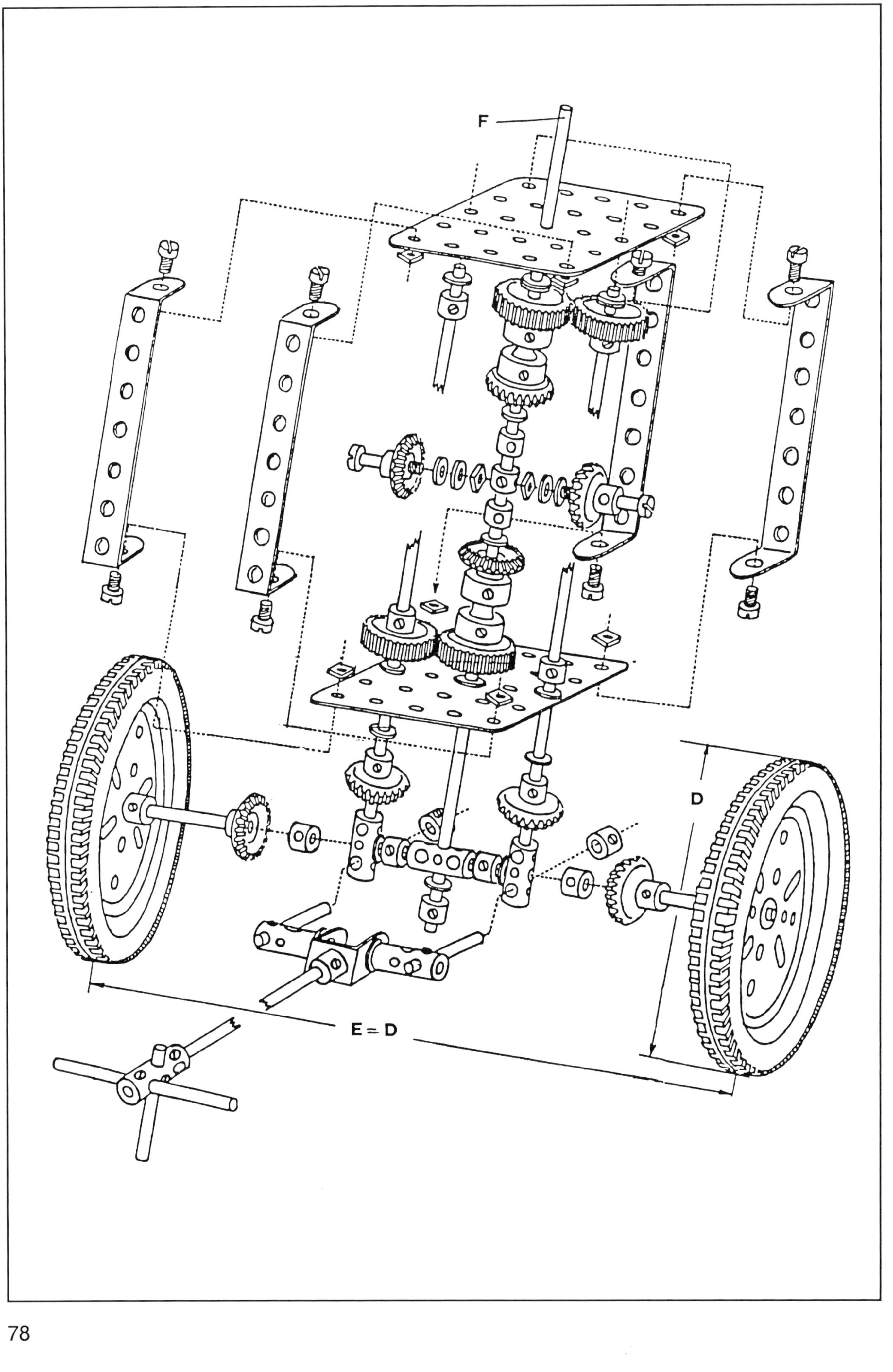
F
D
E = D

Mechanik

Chinesischer Kompasswagen

Material:
– Meccano– oder Stokys– oder Lego– Baukasten mit Differentialgetriebe

Vorbereitung:
Den Kompasswagen nach der Vorlage auf der linken Seite zusammenbauen.
Wichtig: Der Radabstand muss dem Raddurchmesser entsprechen!

Experiment:
Mit dem Wagen über den Tisch kurven. Der Pfeil oder die Figur auf der senkrechten Achse weist immer in dieselbe Richtung.

Erklärung:
Das Differentialgetriebe sorgt dafür, dass die Summe der Bewegungen, die von den Rädern auf die Achse mit der Figur übertragen werden, immer gleich null bleibt.
Bei gradlinigen Bewegungen durchlaufen beide Räder die gleich lange Wegstrecke; das Differential arbeitet nicht. Bei Kurven durchläuft das äussere Rad einen längeren Weg.
Das mit der Figur gekoppelte Laufwerk vollzieht je nach Aenderung der Fahrtrichtung eine entsprechende Gegenkorrektur.
Der Kompasswagen wurde im Mittelalter von den Chinesen erfunden.

Mechanik

Umstülpbarer Würfelgürtel

Material:
- Eisendraht
- Aluröhrchen

Vorbereitung:
Sechs Teilpyramiden aus Eisendraht formen. Vorlage auf der übernächsten Seite.
Vorsicht:
Massanpassung im Zusammenhang mit Scharnieren. Aluscharniere vor dem Verlöten (von s/2) plazieren.
Empfehlung: Zuerst ein Papiermodell herstellen.

Experiment:
Die sechsgliedrige Kette in zwei Drehrichtungen bewegen.

Erklärung:
Die Höhen der gleichseitigen Dreiecke bleiben in ihrer Länge konstant und sind identisch mit drei Raumdiagonalen des Würfels.

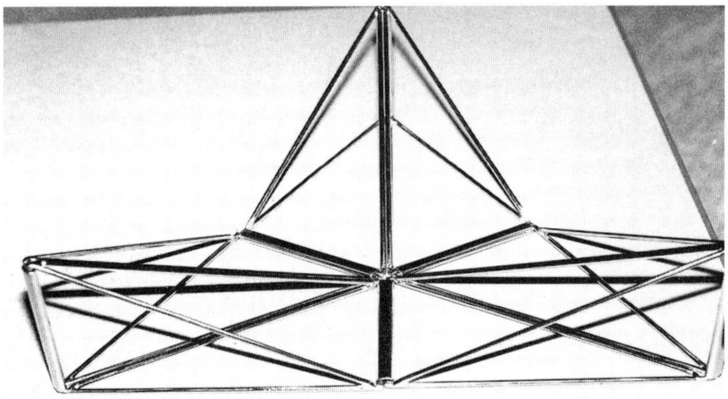

Mechanik

Herleitungsmodell

Material:
- Eisendraht
- Aluröhrchen
- Sperrholz
- Holzplatte (60 cm x 60 cm)
- Winkel

Vorbereitung:
Sechs Teilpyramiden aus Eisendraht formen. Vorlage auf der folgenden Seite.
Vorsicht:
Massanpassung im Zusammenhang mit Scharnieren. Aluscharniere vor dem Verlöten (von s/2) plazieren.
Empfehlung: Zuerst ein Papiermodell herstellen.
Aus Sperrholz einen Halbkreis aussägen und senkrecht auf eine Bodenplatte montieren. Eine der sechs Kanten an der Längslinie befestigen.

Experiment:
Die fünf Kanten über die fixmontierte Kante stülpen.

Erklärung:
Bei der Umstülpbewegung wird das Innere des Würfels mit dem Aeusseren vertauscht. Die Kanten und deren Würfel-Eckpunkte zeichnen eine völlig neue Form in den Raum: das Kanten-Kuboid.
Die Kanten bilden die Flächen, die Würfel-Eckpunkte die geschwungenen Linien.

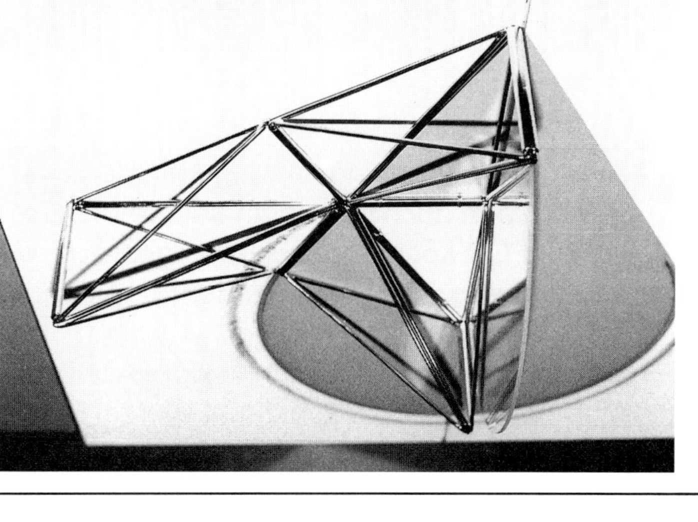

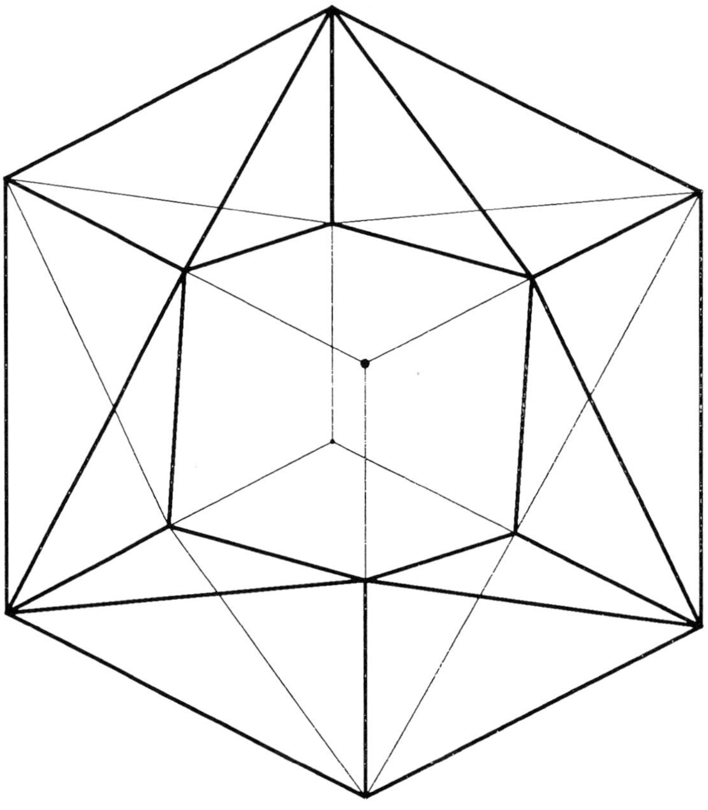

Vorlage Papiermodell: Der Plan liefert einen Drittel des Gürtels.

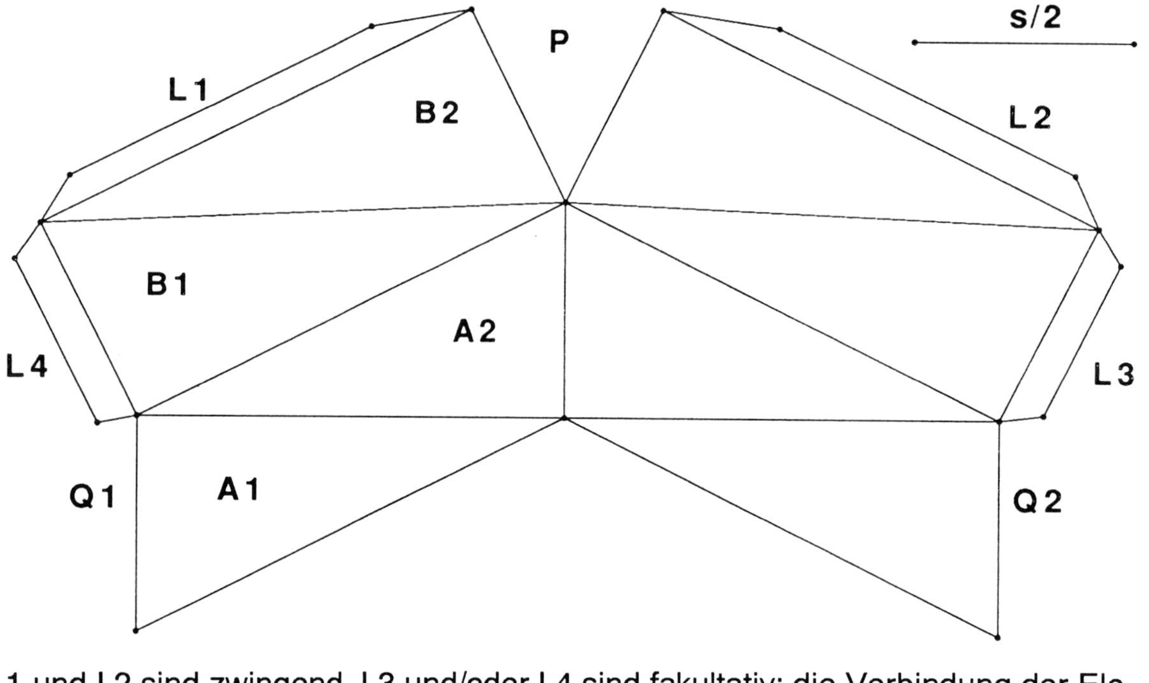

L1 und L2 sind zwingend. L3 und/oder L4 sind fakultativ; die Verbindung der Elemente kann auch mit einem seperaten "Scharnierelement" erstellt werden. Bei P, Q1 und Q2 können Laschen angebracht werden. Die Kanten können aber auch nur mit Leim verbunden werden.

Die Masse der Dreiecke betragen: Alle Dreiecke sind rechtwinklig.
A1 und A2: 2 x (s, s/2, s/2 mal Wurzel 5) und
B1 und B2: 2 x (s/2, s/2 mal Wurzel 5, s/2 mal Wurzel 6)

Mechanik

Wattsche Bewegung

Material:
- Meccano- oder Stokys- oder Lego-Baukasten
- Holzplatte (30 cm x 30 cm)

Vorbereitung:
Je zwei dreiteilige Gelenkarme mit gleicher Länge zusammenbauen. Mit einer Plattform verbinden. Im rechten Winkel zueinander auf der Bodenplatte festschrauben.

Experiment:
Die Plattform auf- und abwärts bewegen. Ein Glas Wasser auf der Plattform steht immer senkrecht.

Erklärung:
Wenn eine Ebene, eine perfekt flache Oberfläche, eine andere Ebene schneidet, tut sie dies in Form einer Geraden. Jeder Gelenkarm kann frei in einer Ebene, jedoch nicht seitlich, bewegt werden. Da aber die Arme mit der oberen Plattform verbunden sind, kann sich diese nur in eine Richtung bewegen, die durch jeweils zwei Arme gegeben ist.

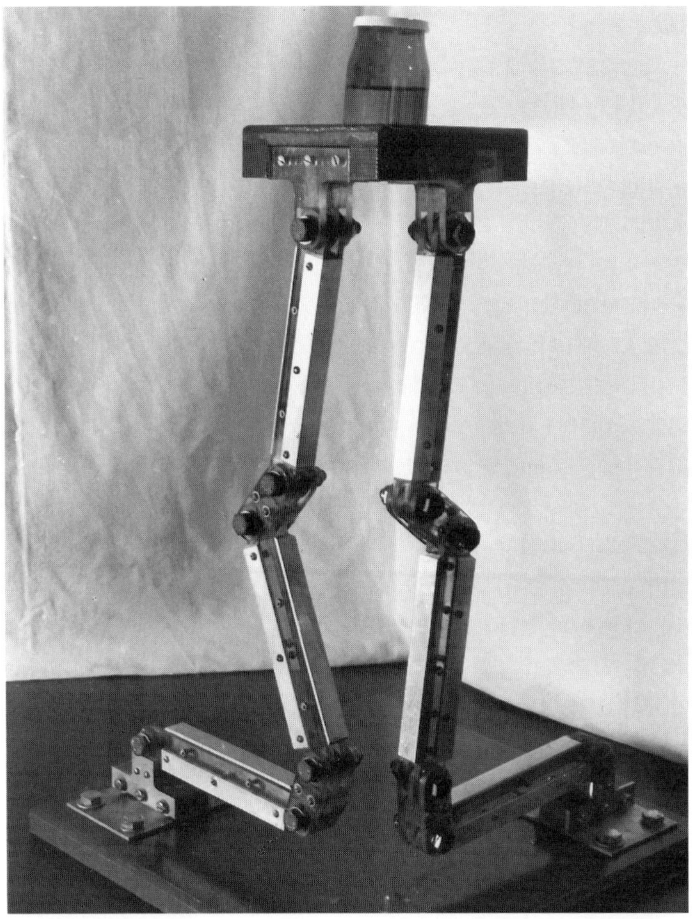

Physik

Einsteins gekrümmter Raum

Material:
- grosses Fass
- Gummimatte
- Schnur
- Stahlkugel
- Holzkugel

Vorbereitung:
Die Gummimatte über die Fass-öffnung stülpen und mit der Schnur befestigen. Der Gummi darf nicht zu stark gespannt werden.

Experiment:
Die kleine Holzkugel auf die Gummi-matte legen und die Stahlkugel auf eine Umlaufbahn schicken. Die kleine Holzkugel wird der grösseren Stahl-kugel "nachlaufen" und, wenn die Stahlkugel stoppt, diese umkreisen.

Erklärung:
Die Grundidee hinter Einsteins Relativitätstheorie lautet vereinfacht: Materie verzieht oder krümmt die "Raum-Zeit" und verursacht das, was wir als Schwerkraft empfinden. Die Krümmung von Raum-Zeit ist dort am stärksten, wo sich Objekte mit der grössten Masse, z.B. die Sonne oder andere Sterne, befinden.
Eine Möglichkeit, die Auswirkung der Schwerkraft sichtbar zu machen, ist diese: man quetscht Raum-Zeit zu einer zweidimensionalen Gummi-matte zusammen.

Denkspiele

Die Verdrehung lösen

Material:
- eine grosse Holzkugel
- dicke Schnur

Vorbereitung:
Zwei Löcher parallel durch die Holzkugel bohren. Zwei Schnüre durchziehen und oben und unten an einem Brett befestigen.

Experiment:
Den Ball um zwei volle Umdrehungen um seine vertikale Achse drehen. Die Seile entwirren.

Erklärung:
Den Ball heben. Die obere Verdrehung unter und die untere über den Ball bringen. Die Verdrehungen verschwinden. Die Richtung der Bewegungsabläufe muss allerdings immer gleich sein.
1. Den Ball um etwa 30 cm gerade hochheben.
2. Das obere "Gewirr" unter den Ball bringen.
3. Das untere "Gewirr" über den Ball bringen.
4. Die Bewegungen von 3. erfolgen im Gegensinn zur Richtung, in der der Ball zuerst gedreht wurde.
5. Die Verdrehungen sollten sich von selbst auflösen. Den Ball nach unten gleiten lassen, bis er wieder an den unverdrehten Seilen hängt.
Bei einer ungeraden Anzahl von Umdrehungen gibt es keine Lösung.

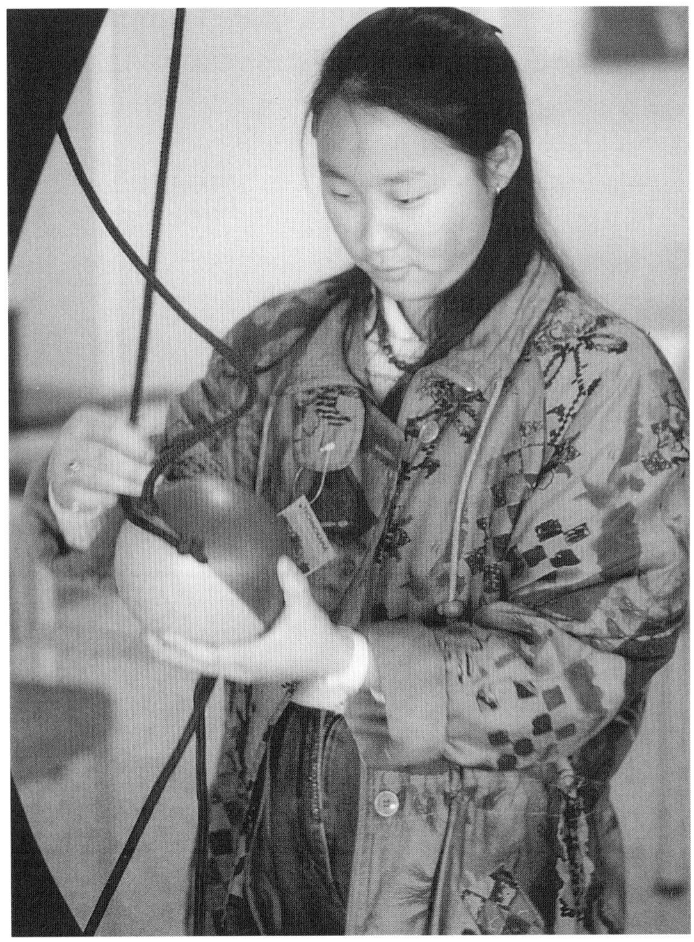

So geht's!

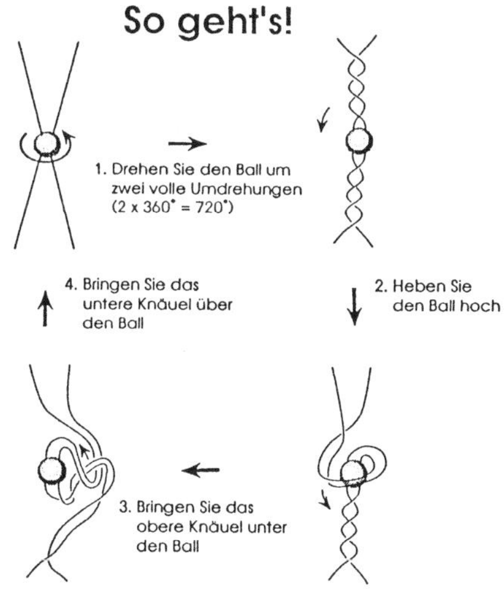

Denkspiel

Das Ring–Problem

Material:
- Holzplatte (30 cm x 90 cm)
- 2 gleich grosse Stahlringe (Innendurchmesser 4,5 cm, Aussendurchmesser 6 cm)
- dünnes Seil (180 cm lang)
- 2 Ringschrauben

Vorbereitung:
Einen Stahlring senkrecht in der Mitte der Holzplatte mit Zweikomponenten-kleber anleimen.
Das Seil durch die beiden Ringe führen und links und rechts am Brettrand mit Ringschrauben befestigen.

Experiment:
Den beweglichen Ring von der einen zur anderen Seite des festen Rings bewegen.

Erklärung:
Das Mohamed–Prinzip anwenden: Wenn der Berg nicht zu Mohamed kommt, geht eben Mohamed zum Berg.

Lösung des Ring-Problems

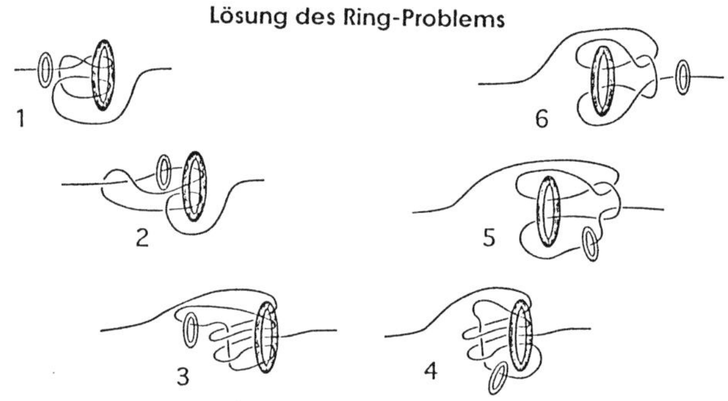

Denkspiel

Happy Puzzling–"Klammer"

Material:
- Sperrholz (12 mm)
- Seil (340 mm lang)
(Durchmesser 10 mm)
- Zweikomponentenleim
- 2 Flachkopfschrauben (10 mm)
(Holz)

Vorbereitung:
Die Form exakt aussägen.
Vorlage auf der folgenden Seite.
Die Ränder feilen.
Löcher bohren und die Seilenden mit Zweikomponentenkleber in die entsprechenden Löcher stecken. Wenn der Leim anzieht, von der Gegenseite her die Schrauben hineindrehen.

Experiment:
Das Holzstück mit dem Seil losmachen.

Erklärung:
Die Lösung ist abgebildet.

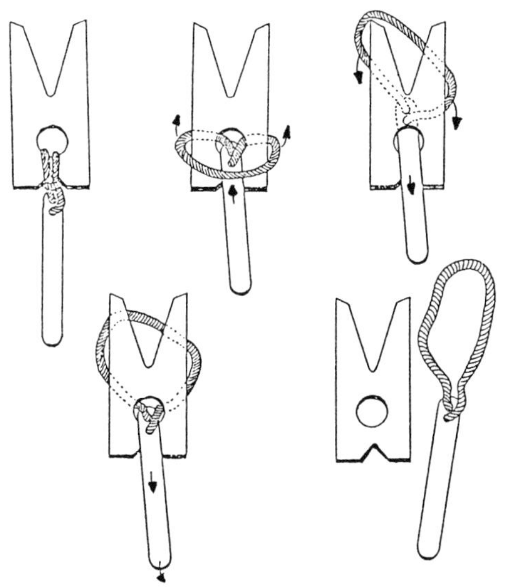

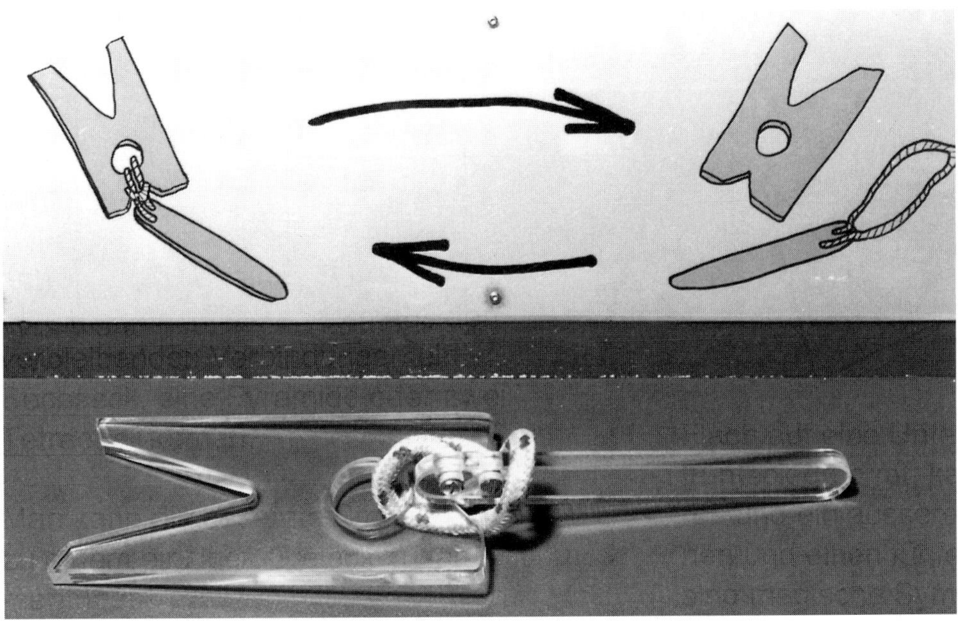

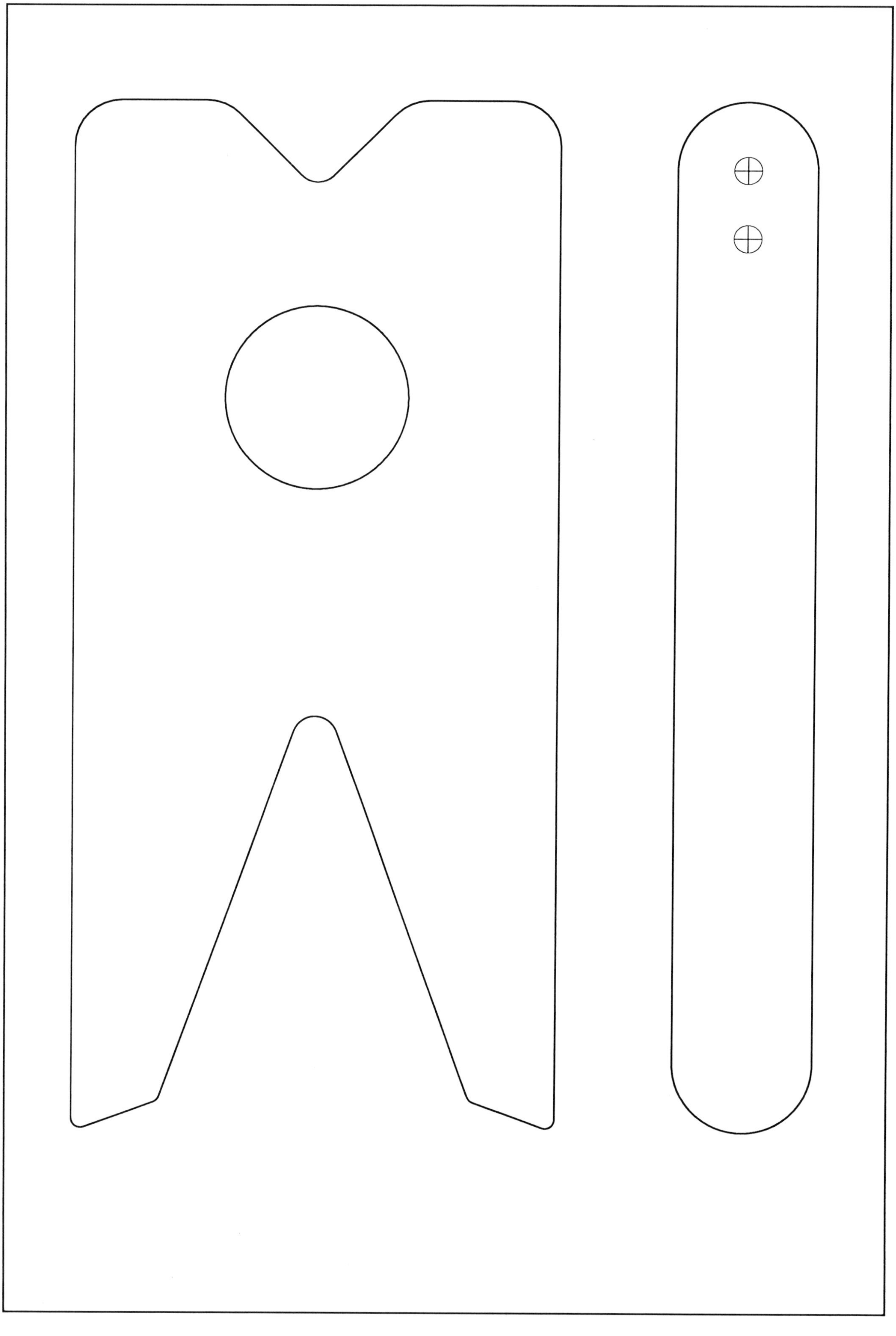

Denkspiel

Happy Puzzling–"Hufeisen"

Material:
- Sperrholz (12 mm)
- Seil (2 x 135 mm lang)
(Durchmesser 10 mm)
- Zweikomponentenleim

Vorbereitung:
Die Form exakt aussägen.
Vorlage auf den folgenden Seiten.
Die Ränder feilen.
Löcher bohren und die Seilenden mit Zweikomponentenkleber in den entsprechenden Löchern zusammenleimen.

Experiment:
Den Ring losmachen.

Erklärung:
Die Lösung ist abgebildet.

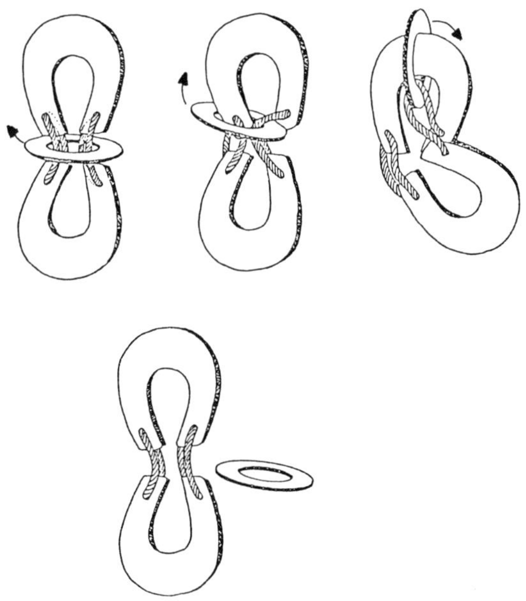

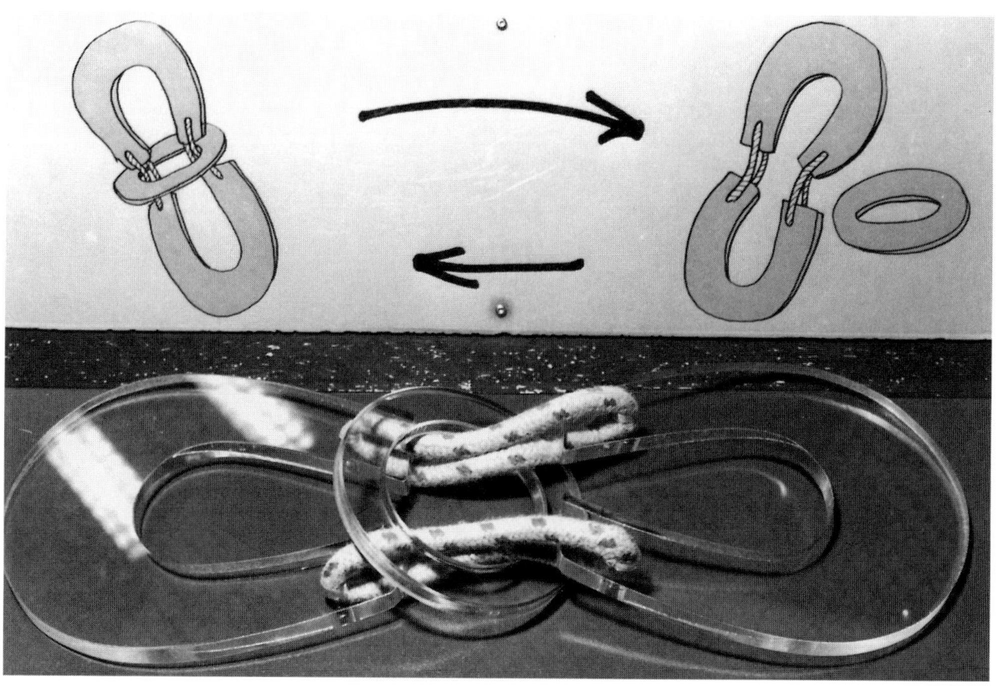

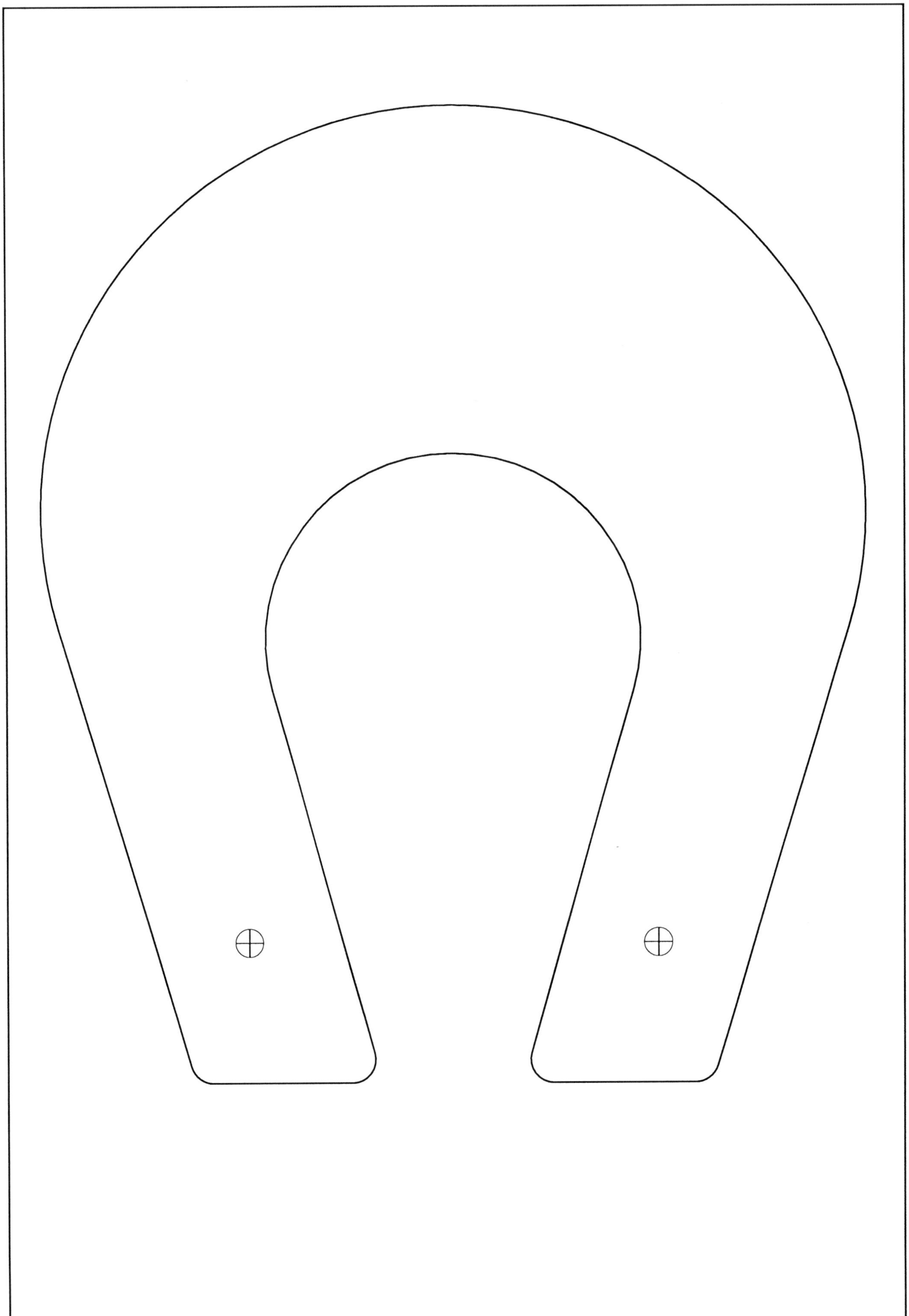

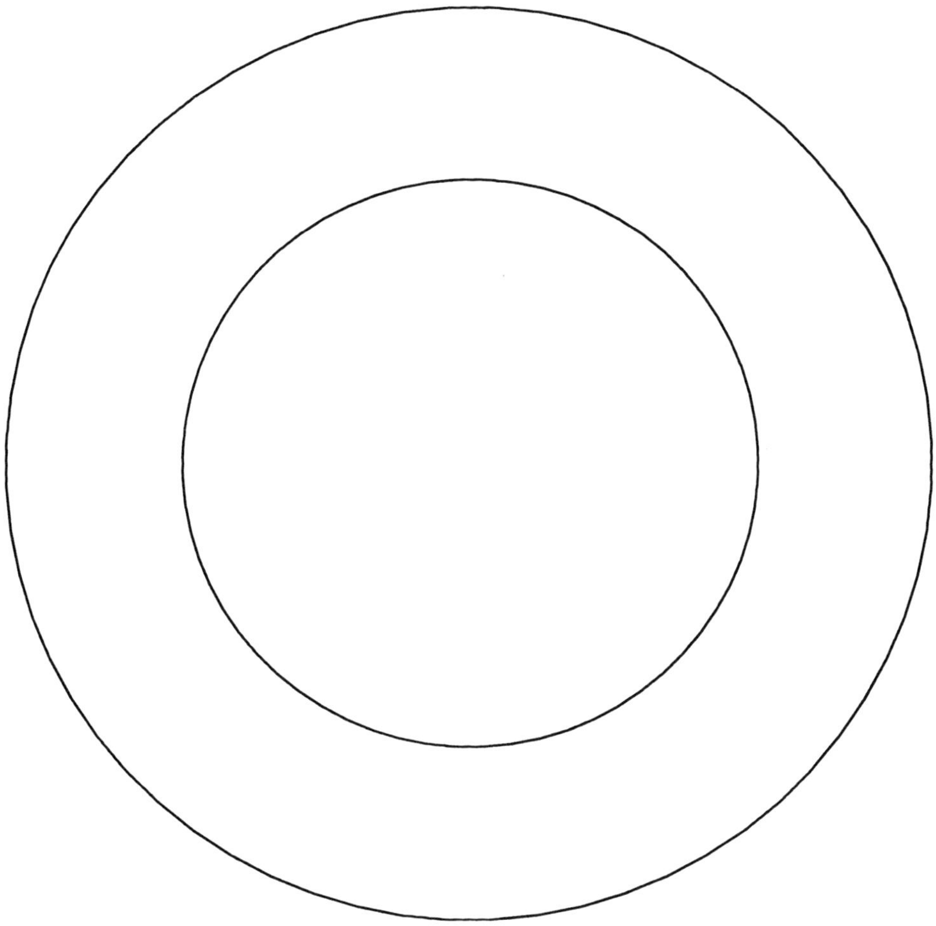

Denkspiel

Happy Puzzling–"Schlüsselloch"

Material:
- Sperrholz (12 mm)
- Seil (930 mm lang) (Durchmesser 10 mm)
- Zweikomponentenleim
- 2 Flachkopfschrauben (10 mm) (Holz)
- Holzwürfel (60 mm x 60 mm)

Vorbereitung:
Die Form exakt aussägen.
Vorlage auf den folgenden Seiten.
Die Ränder feilen.
Löcher bohren und die Seilenden mit Zweikomponentenkleber in die entsprechenden Löcher stecken.
Wenn der Leim anzieht, von der Gegenseite her die Schrauben hineindrehen.
Durch den Holzwürfel ein Loch bohren.

Experiment:
Den Holzwürfel losmachen.

Erklärung:
Die Lösung ist abgebildet.

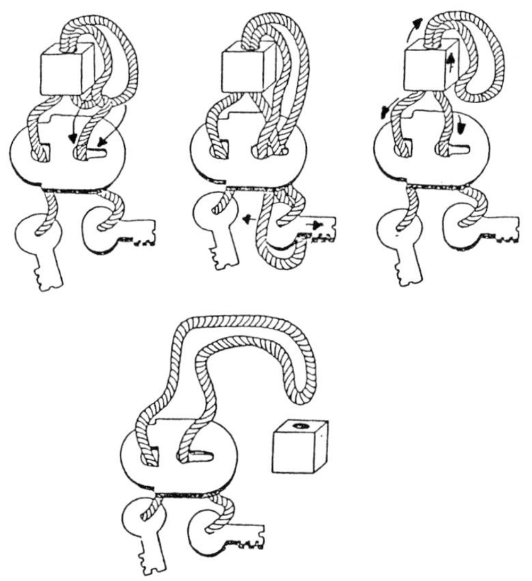

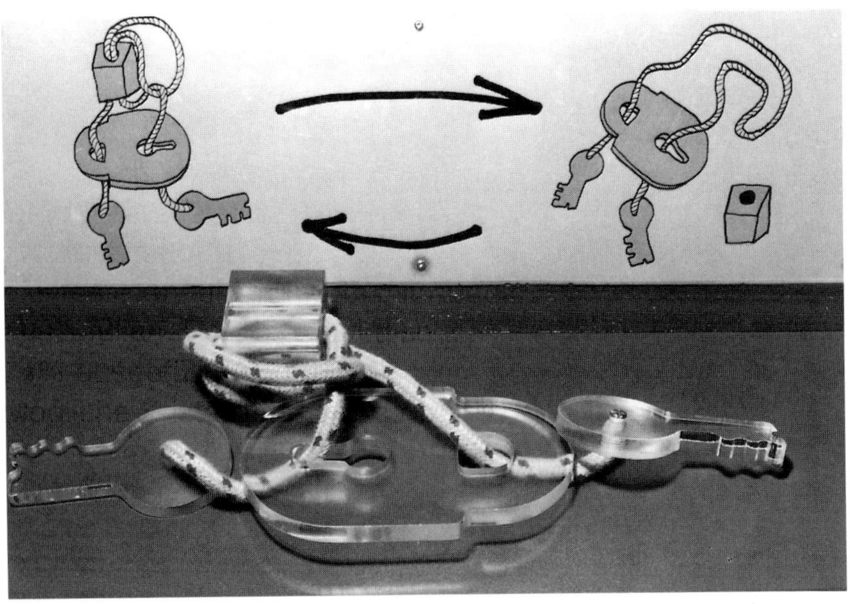

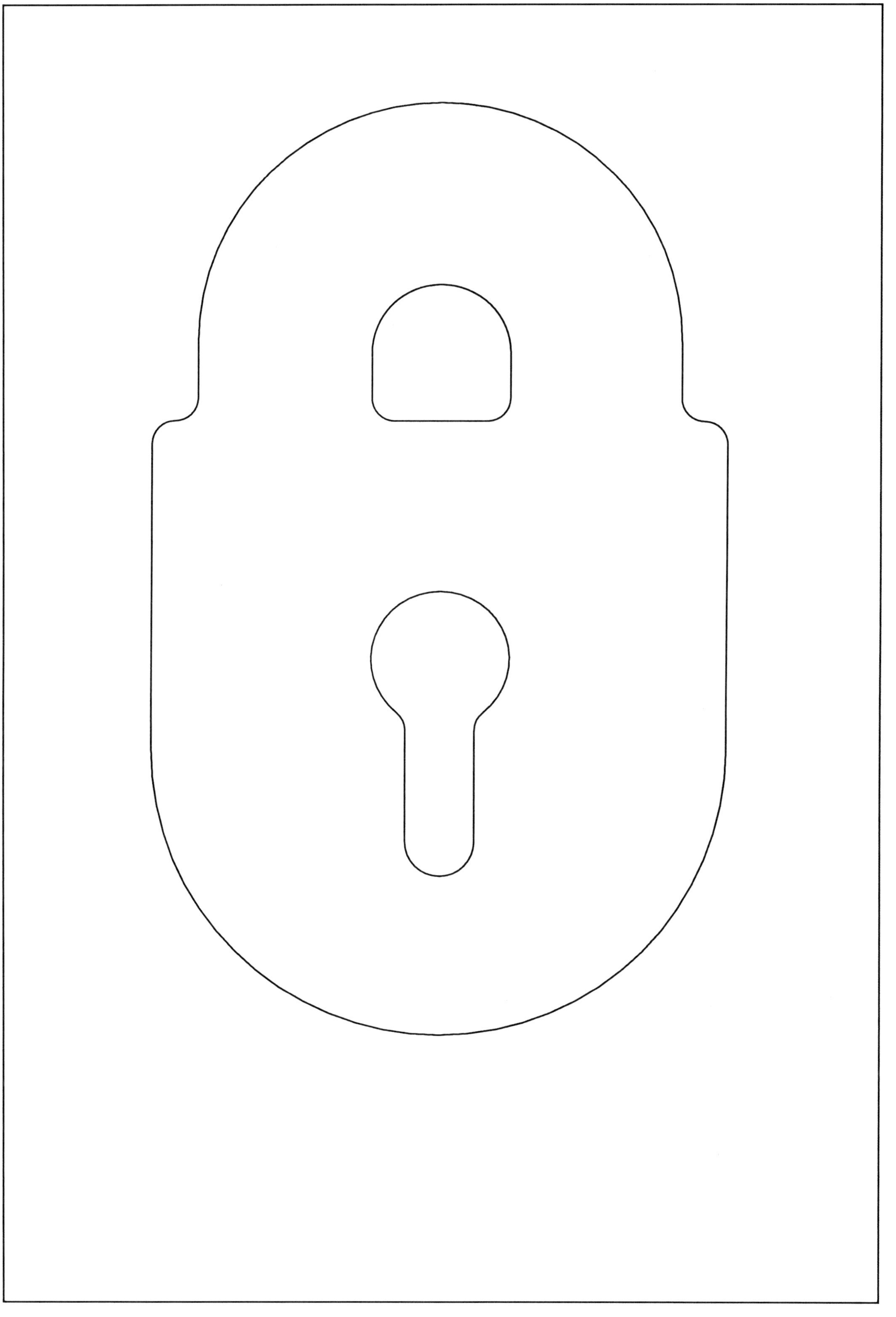

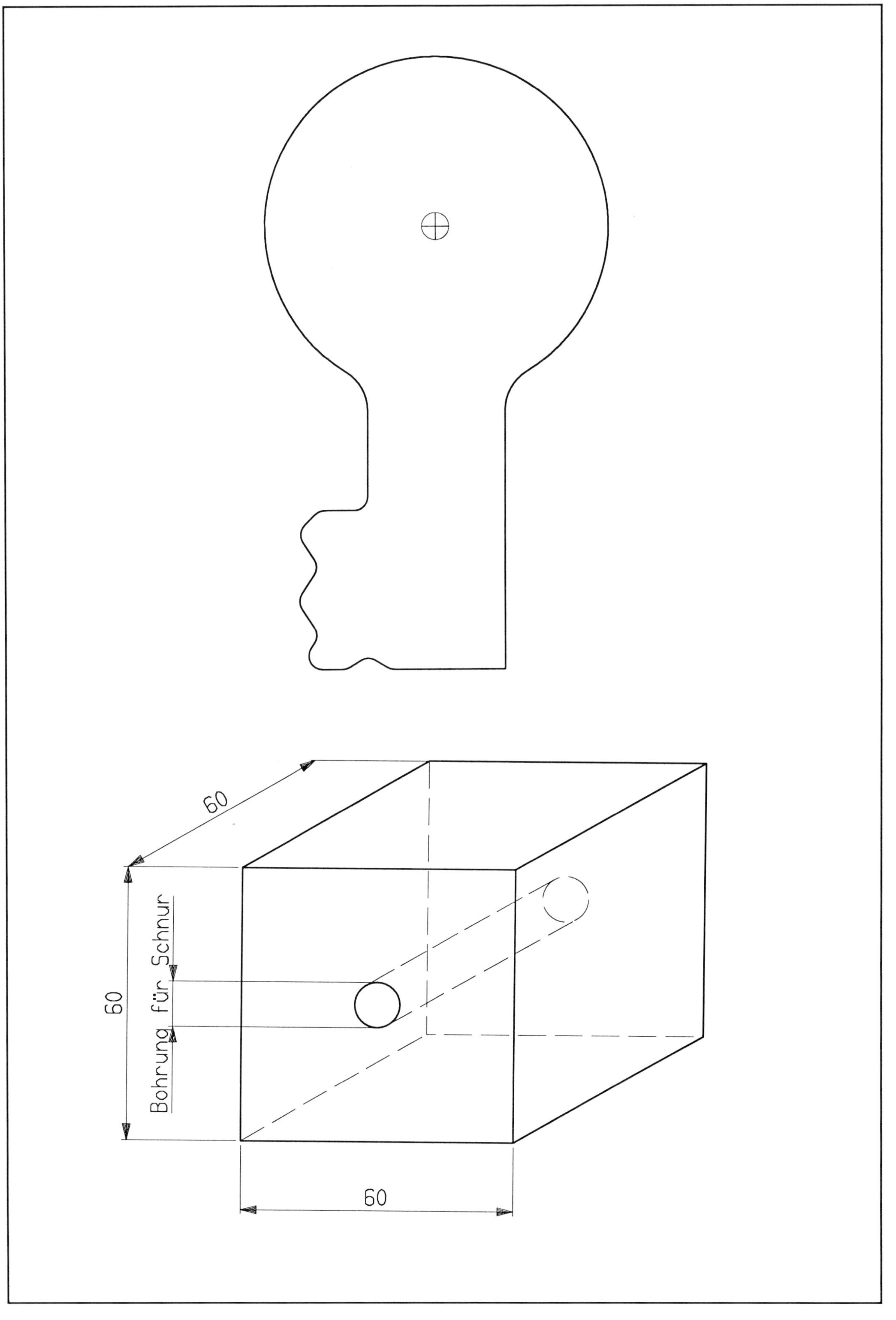
60
60
Bohrung für Schnur
60

Denkspiel

Happy Puzzling–"Buchstabe B"

Material:
- Sperrholz (12 mm)
- 2 Seile (360 mm + 560 mm lang) (Durchmesser 10 mm)
- Zweikomponentenleim
- 2 Flachkopfschrauben (10 mm) (Holz)
- 2 Holzwürfel (30 mm x 30 mm)

Vorbereitung:
Die Form exakt aussägen.
Vorlage auf der folgenden Seite.
Die Ränder feilen.
Löcher bohren und Seilenden mit Zweikomponentenkleber in die entsprechenden Löcher stecken.
Wenn beim Buchstaben der Leim anzieht, von der Gegenseite her die Schrauben hineindrehen.

Experiment:
Die beiden Würfel mit dem Seil losmachen.

Erklärung:
Die Lösung ist abgebildet.

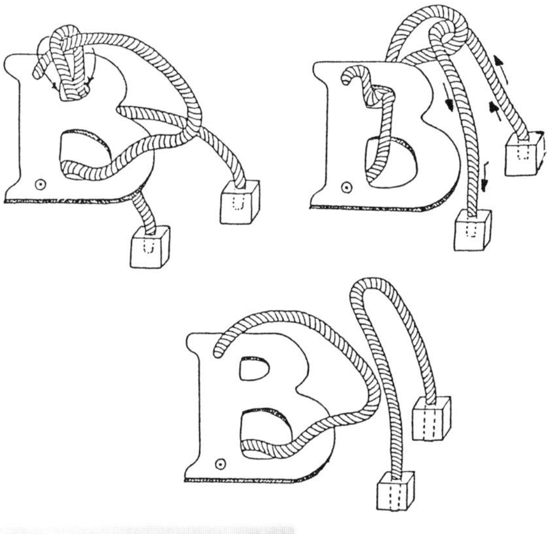

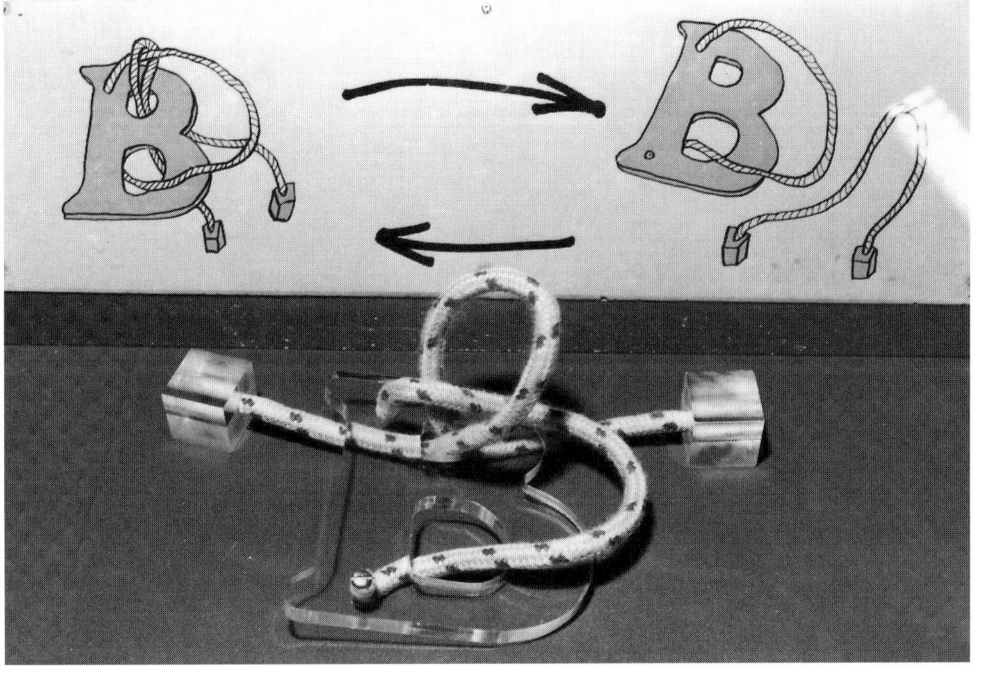

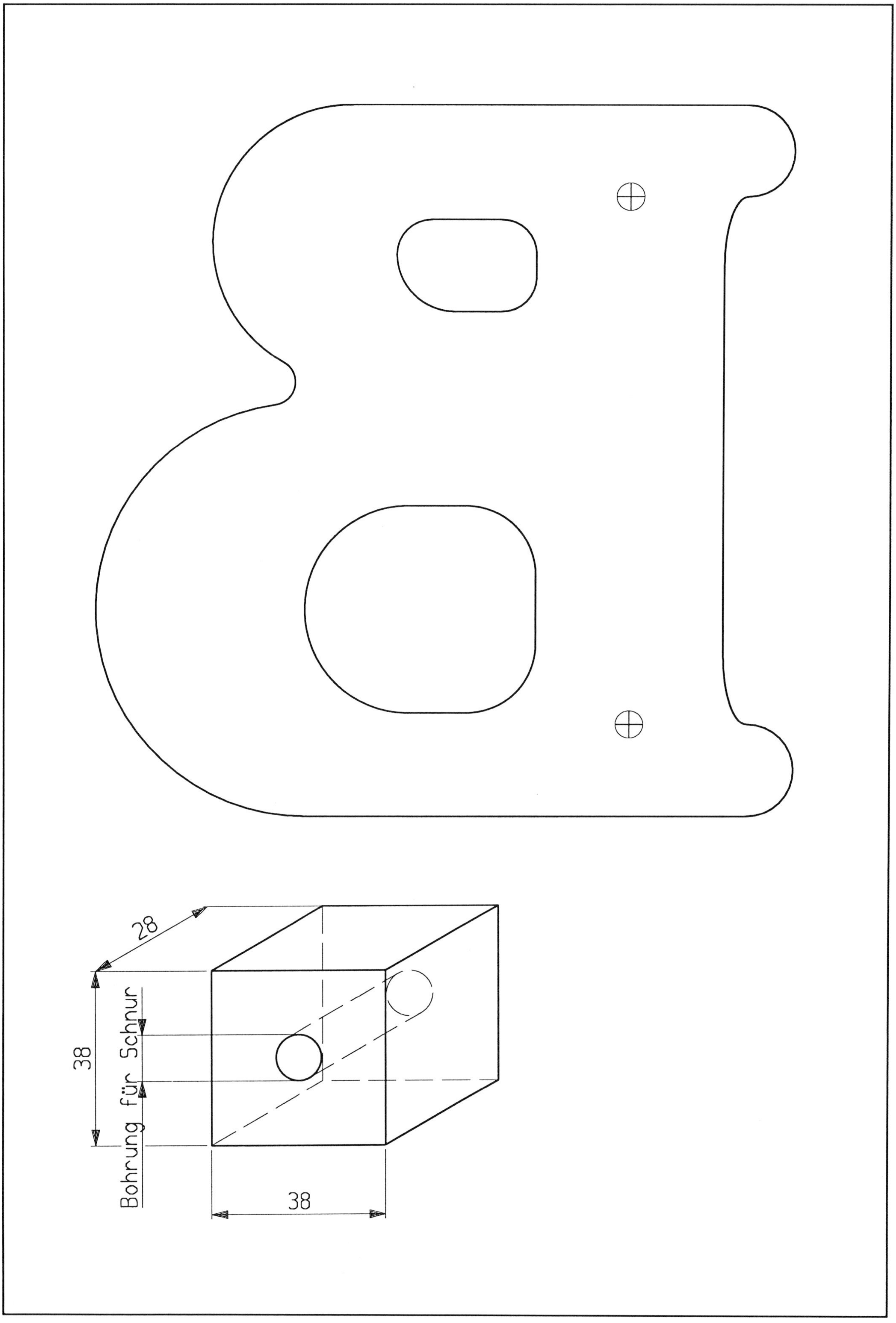

28
38
Bohrung für Schnur
38

Denkspiel

Happy Puzzling–"Fragezeichen"

Material:
- Sperrholz (12 mm)
- 2 Seile (280 mm + 480 mm lang) (Durchmesser 10 mm)
- Zweikomponentenleim
- 1 Flachkopfschraube (10 mm) (Holz)

Vorbereitung:
Die Form exakt aussägen.
Vorlage auf der folgenden Seite.
Die Ränder feilen.
Loch bohren und ein Seilende mit Zweikomponentenkleber in das entsprechende Loch stecken. Wenn der Leim anzieht, von der Gegenseite her die Schrauben hineindrehen.
Beim Ring die beiden Enden ebenfalls mit Zweikomponentenleim zusammenleimen.

Experiment:
Den Seilring lösen.

Erklärung:
Die Lösung ist abgebildet.

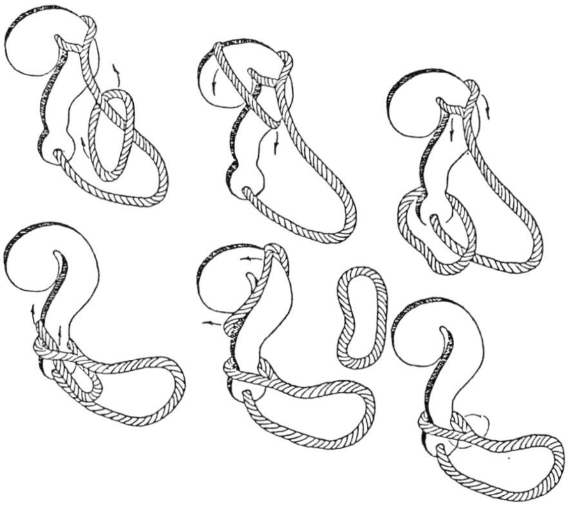

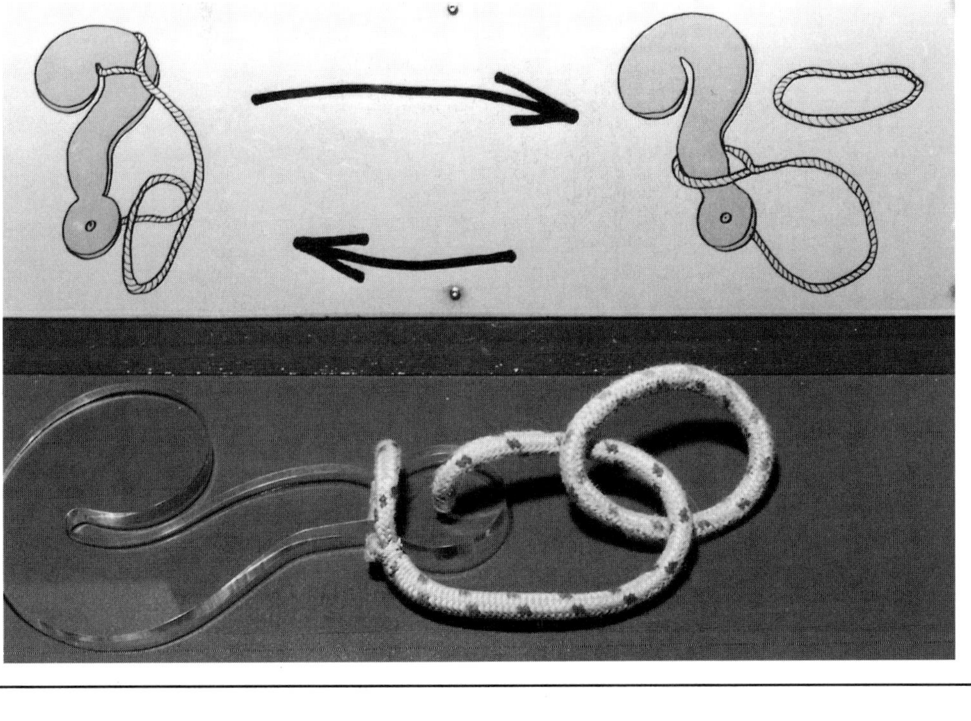

Denkspiel

Happy Puzzling–"Schere"

Material:
- Sperrholz (12 mm)
- Seil (600 mm lang)
(Durchmesser 10 mm)
- Zweikomponentenleim
- 2 Flachkopfschrauben (10 mm)
(Holz)

Vorbereitung:
Die Form exakt aussägen.
Vorlage auf der folgenden Seite.
Die Ränder feilen.
Löcher bohren und Seilenden mit Zweikomponentenkleber in die entsprechenden Löcher stecken. Wenn der Leim anzieht, von der Gegenseite her die Schrauben hineindrehen.

Experiment:
Die Holzscheiben mit dem Seil losmachen.

Erklärung:
Die Lösung ist abgebildet.

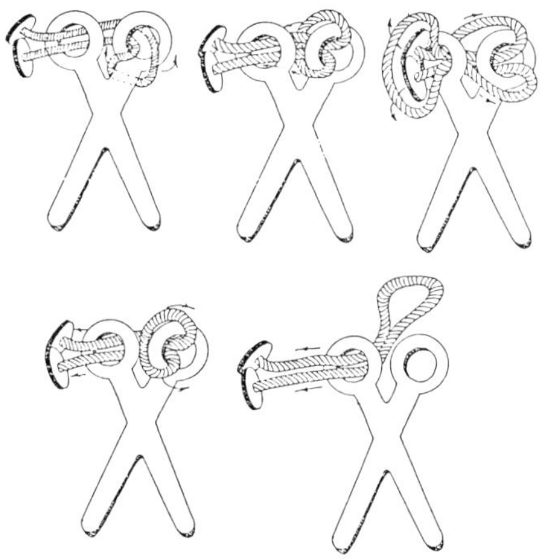

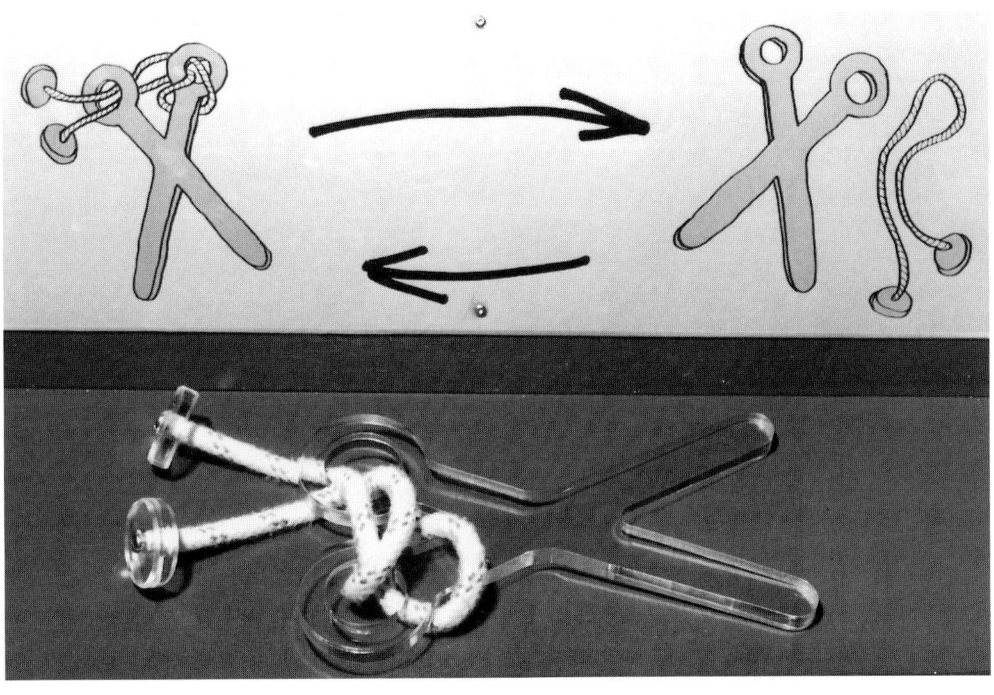

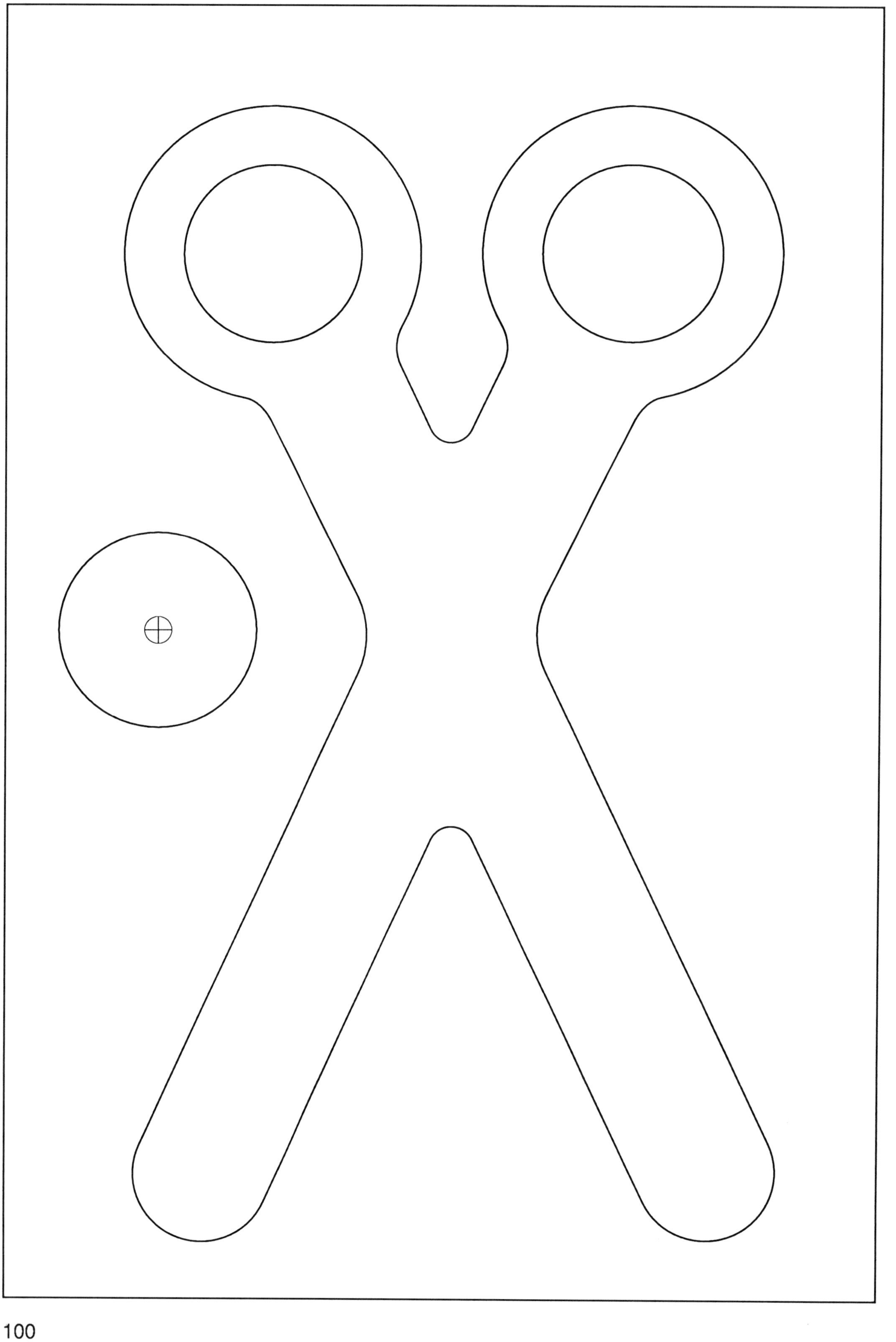

Denkspiel

Happy Puzzling-"Achterbahn"

Material:
- Sperrholz (12 mm)
- Seil (1290 mm lang)
(Durchmesser 10 mm)
- Zweikomponentenleim

Vorbereitung:
Die Formen exakt aussägen.
Vorlage auf der folgenden Seite.
Die Ränder feilen.
Je zwei Schlaufen von 340 mm formen und mit Zweikomponentenkleber zusammenkleben.

Experiment:
Das Holzstück mit dem Seil losmachen.

Erklärung:
Die Lösung ist abgebildet.

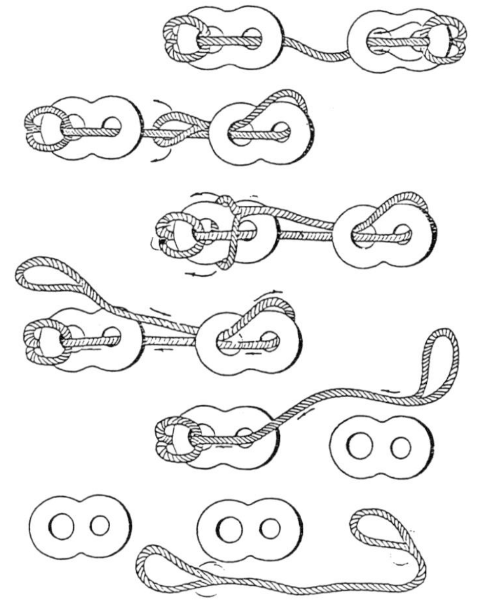

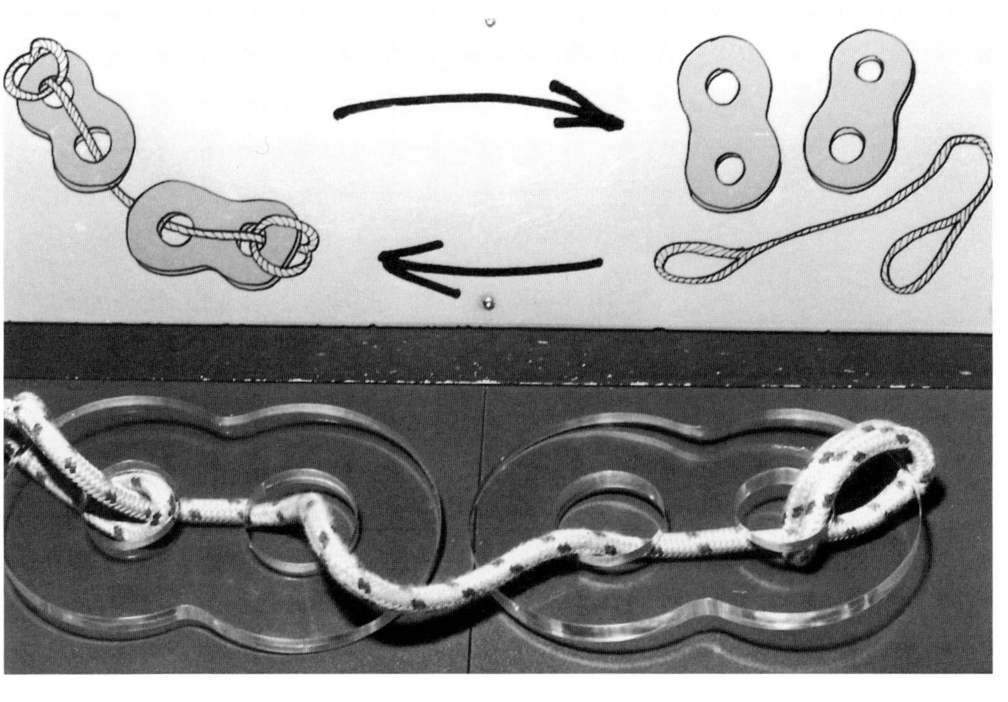

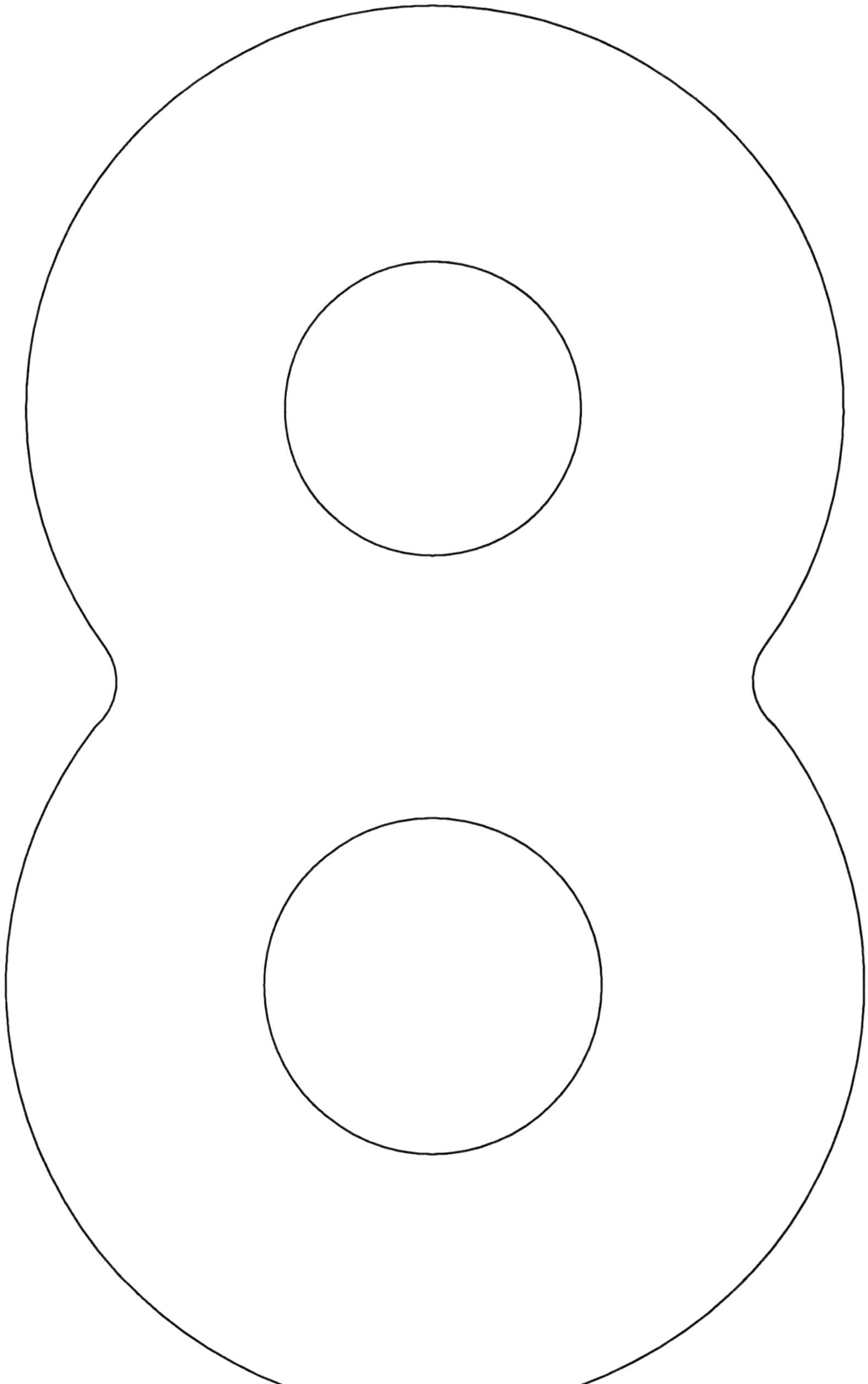

Denkspiel

Happy Puzzling–"Schlüssel"

Material:
- Sperrholz (12 mm)
- Seil (250 mm lang)
(Durchmesser 10 mm)
- Zweikomponentenleim
- 2 Flachkopfschrauben (10 mm)
(Holz)
- 1 Holzring nach Plan
(Durchmesser innen: 60 mm,
Durchmesser aussen: 89 mm)

Vorbereitung:
Die Formen exakt aussägen.
Vorlage auf den folgenden Seiten.
Die Ränder feilen.
Löcher bohren und die Seilenden mit Zweikomponentenkleber in die entsprechenden Löcher stecken.
Wenn der Leim anzieht, von der Gegenseite her die Schrauben hineindrehen.

Experiment:
Den grossen Ring losmachen.

Erklärung:
Die Lösung ist abgebildet.

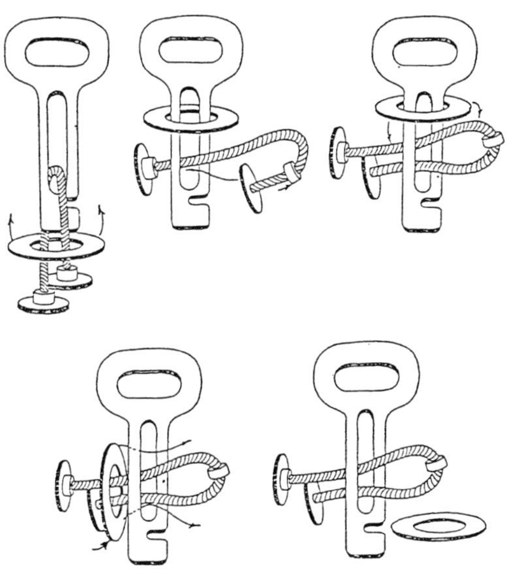

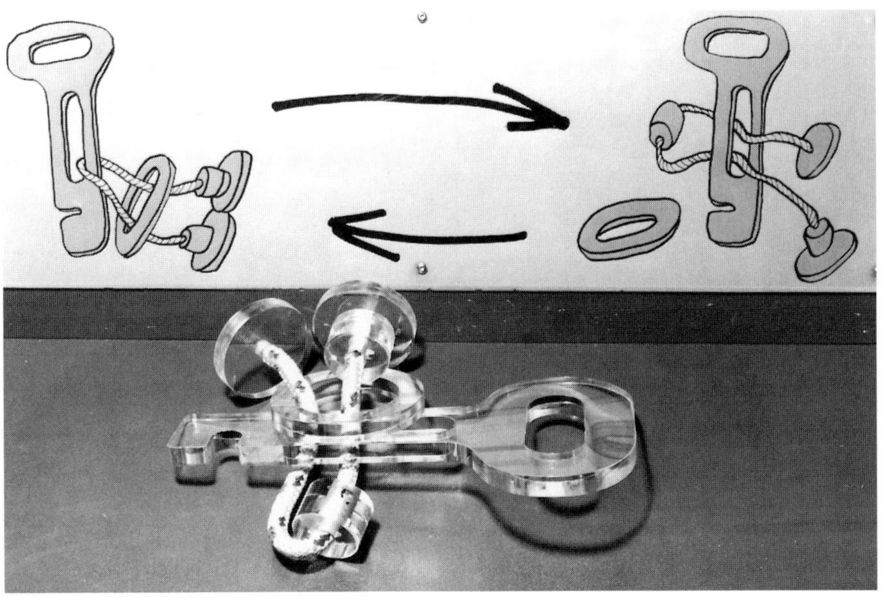

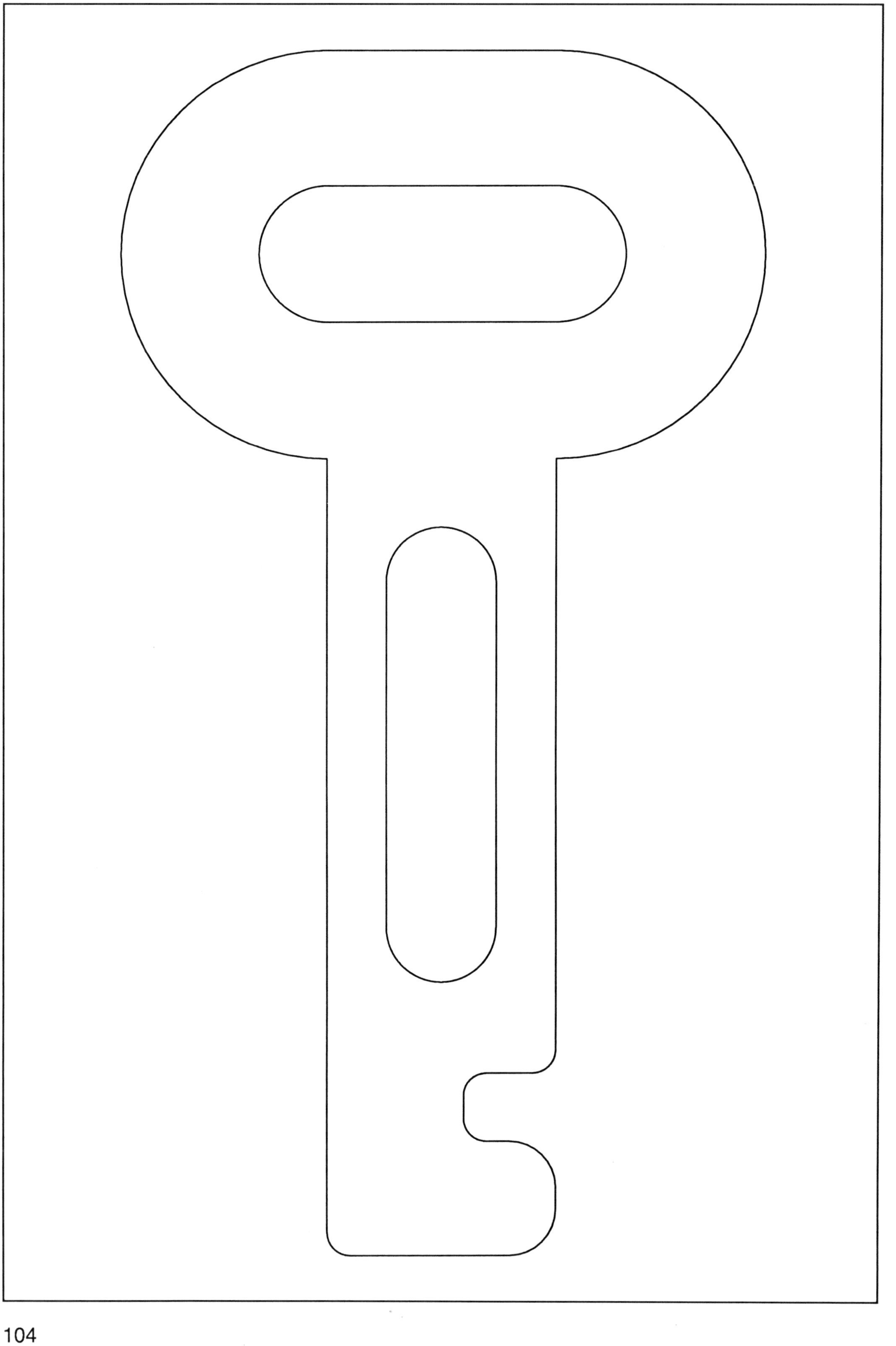

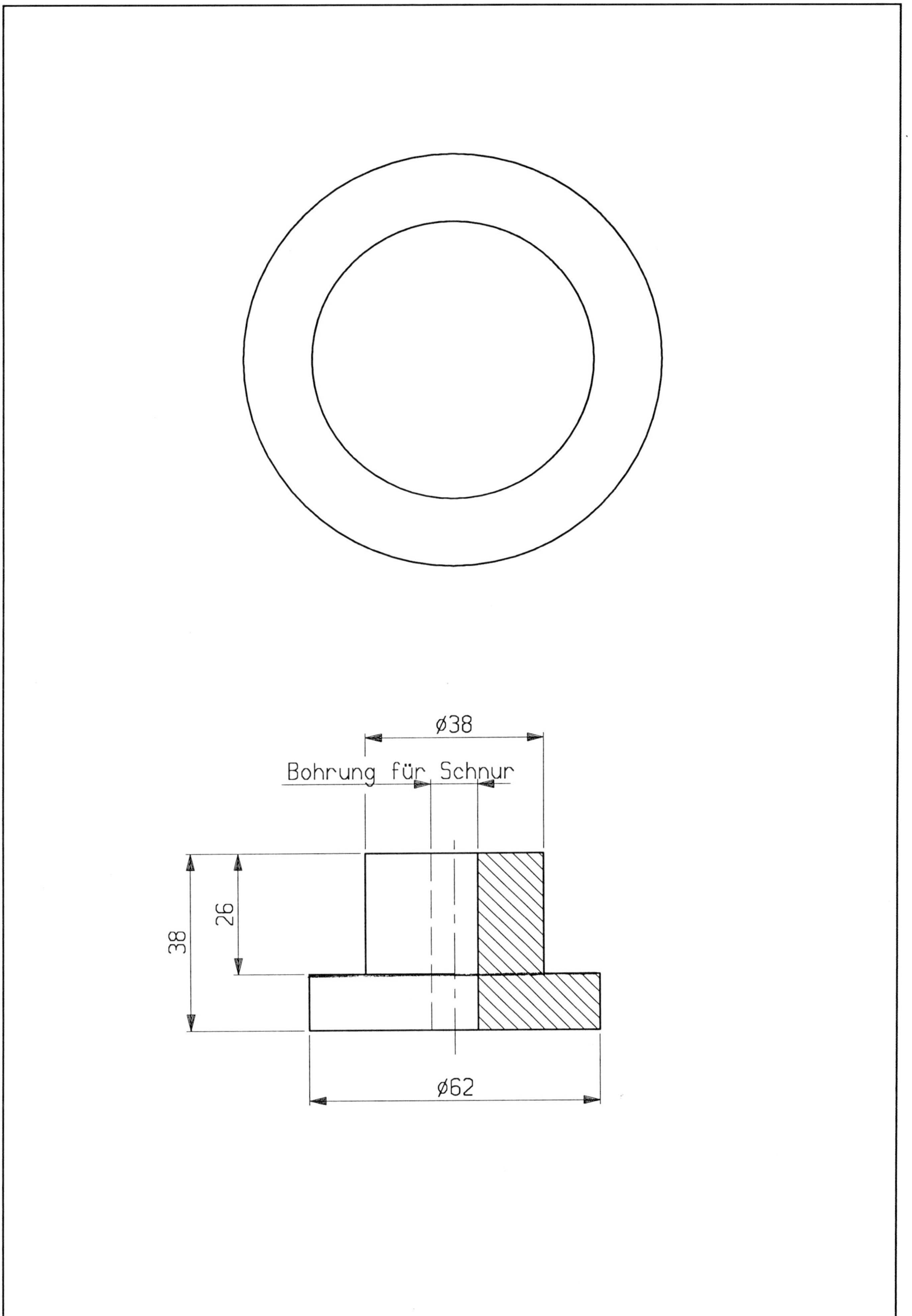
Ø38
Bohrung für Schnur
38
26
Ø62

Denkspiel

Happy Puzzling–"Sternentanz"

Material:
- Sperrholz (12 mm)
- Seil (1230 mm lang)
(Durchmesser 10 mm)
- Zweikomponentenleim
- 2 Flachkopfschrauben (10 mm)
(Holz)

Vorbereitung:
Die Formen exakt aussägen.
Vorlage auf den folgenden Seiten.
Die Ränder feilen.
Löcher bohren und die Seilenden mit Zweikomponentenkleber in die entsprechenden Löcher stecken.
Wenn der Leim anzieht, von der Gegenseite her die Schrauben hineindrehen.

Experiment:
Das Holzstück mit der runden und quadratischen Form von einer Seite nach der anderen bewegen.
(siehe "Das Ring-Problem" S.86)

Erklärung:
Die Lösung ist abgebildet.

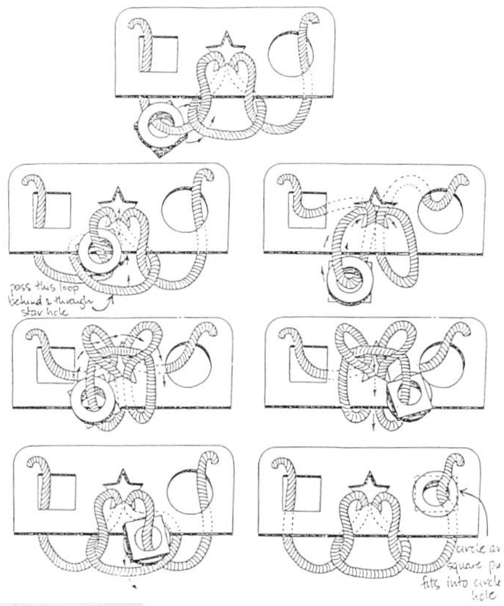

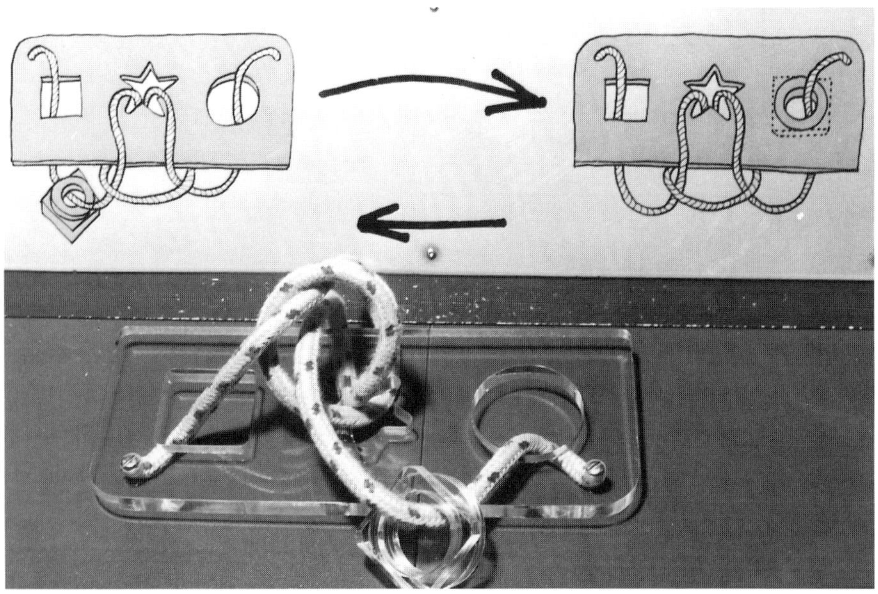

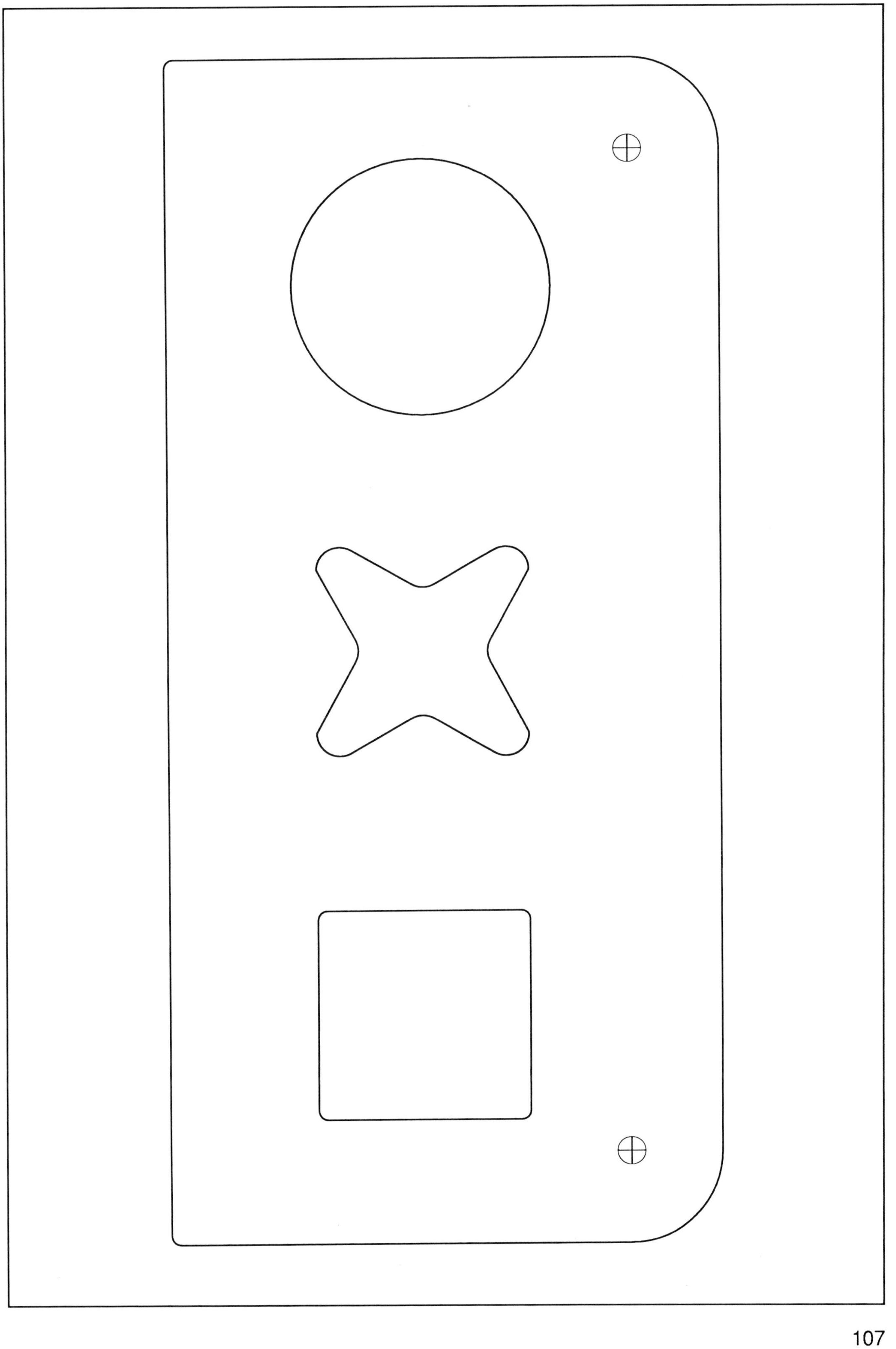

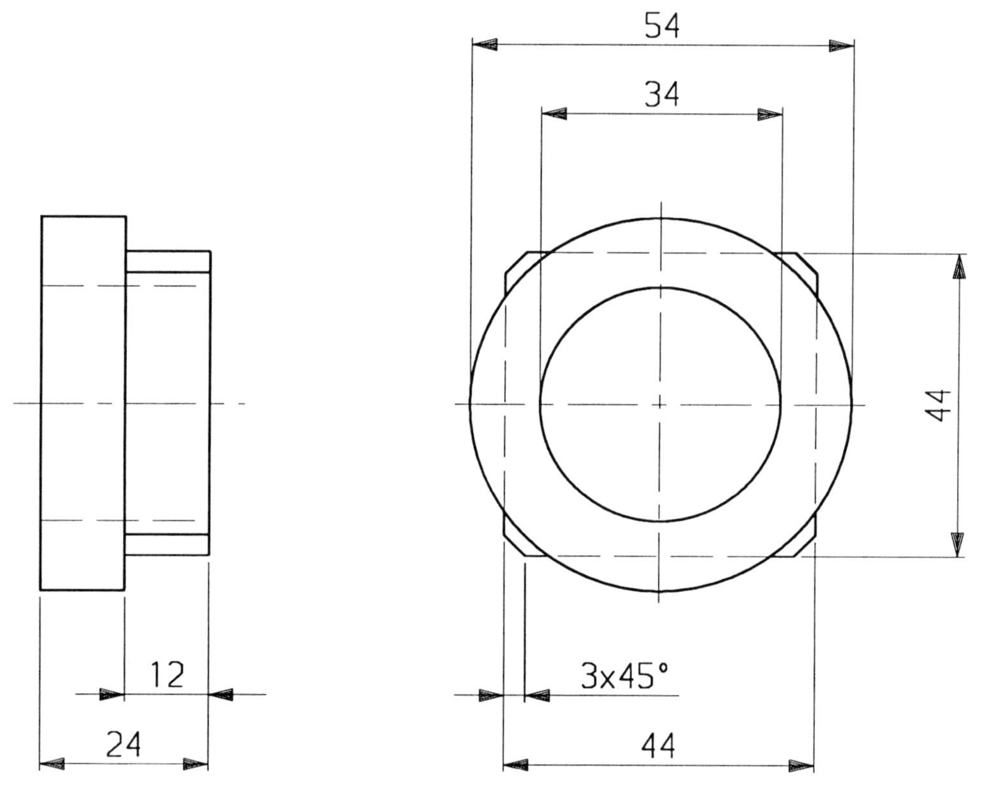
54
34
44
12
24
3x45°
44

Denkspiel

Möbius-Band

Material:
- Papierstreifen
- Leim
- Schere

Vorbereitung:
Einen Papierstreifen einmal verdreht zusammenleimen.

Experiment:
Eine Stelle auf und unter dem Band kennzeichnen. Das Band über die Fingerkante streifen. Beide Zeichen erscheinen auf "derselben" Seite.

Erklärung:
Das Band hat nur eine Seite und eine Kante.
Interessant sind Experimente mit Schneiden, z.B. entlang der Mittellinie oder zweimal in Längsrichtung.
Man könnte auch mit einem Motörchen zwei Gummiwalzen antreiben und ein mehrfarbiges (Regenbogen) Möbius-Band durchlaufen lassen.

Riesen–Multi–Fresnel

Material:
- kleine Fresnellinsen
- Glasplatte

Vorbereitung:
Die Fresnellinsen auf die Glasplatte kleben.

Experiment:
Von verschiedenen Standpunkten aus durch die Linsen sehen.
Die Wirkung wechselt.

Erklärung:
In der Fresnellinse sind Kreisringe mit verschiedener Steigung konzentrisch angeordnet. Das ergibt einen Vergrösserungseffekt. Wenn viele Linsen nebeneinander angeordnet sind, ergibt das einen Multiplikationseffekt.

Unmögliches Dreieck

Material:
- 3 Holzbalken
(10 cm x 10 cm x 100 cm)
- Ständer

Vorbereitung:
Ein Balkenstück senkrecht auf ein anderes Balkenstück setzen, verleimen und verschrauben. Das dritte Balkenstück im rechten Winkel liegend an das andere Ende fest-schrauben.
An einem freistehenden Ende eine Kerbe heraussägen.
Plan auf der folgenden Seite.
Das Dreieck auf einen Ständer montieren.

Experiment:
Von einem bestimmten Abstand (ca. 10 Meter) wirkt die Figur wie das berühmte "Unmögliche Dreieck" von Escher.

Erklärung:
Durch die Kerbe und die Perspektive scheinen die Holzbalken miteinander verbunden. Das Auge kann durch die Distanz die Dreidimensionalität des Objektes nicht erkennen.
Unser System Auge-Gehirn ist darauf angelegt, grundlegende Formen, z.B. Dreiecke, zu erkennen, ohne den Einzelheiten besondere Aufmerk-samkeit zu schenken. Die Einbil-dungskraft lässt das Dreieck als geschlossenen Körper erscheinen.

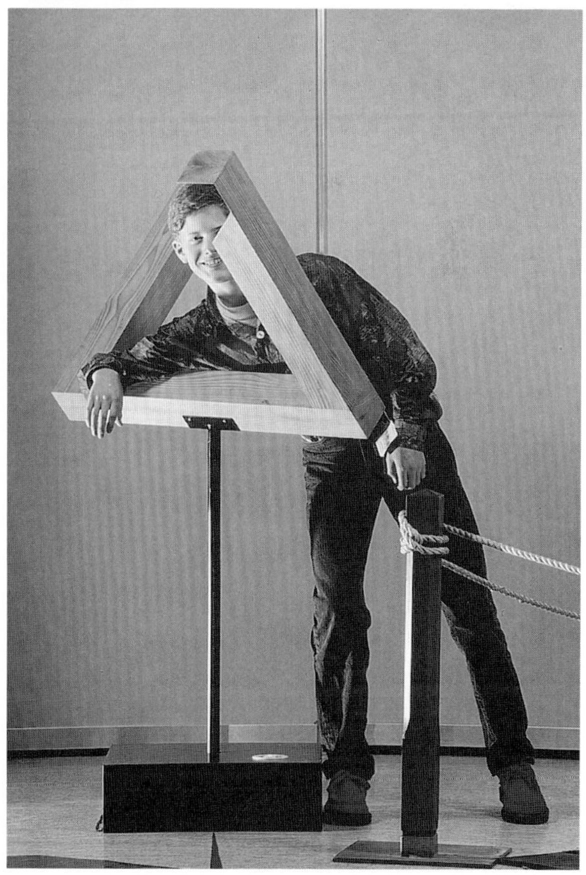

Erst wenn man den Kanten nachblickt, wird uns bewusst, dass irgendwo etwas nicht stimmen kann.

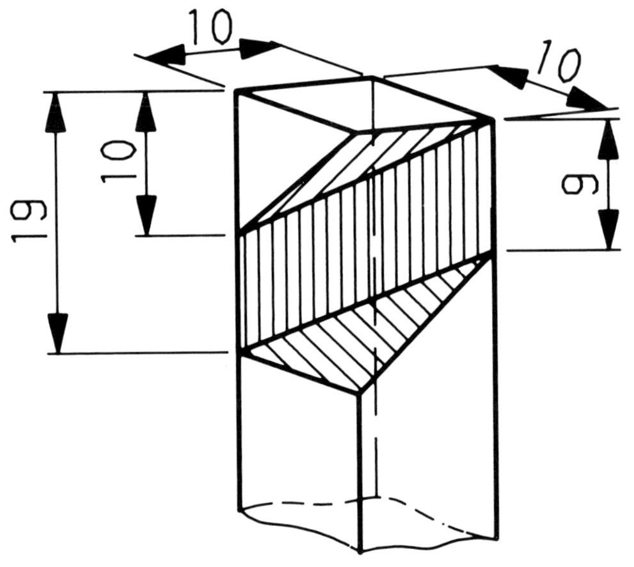
10
10
10
19
9

Illusionen

Das Trapezfenster

Material:
- Sperrholzplatte (57 cm x 54 cm)
- drehbarer Ständer

Vorbereitung:
Das Fenster nach Plan herstellen und bemalen. Plan auf der folgenden Seite. Im Massstab nach Belieben vergrössern!
Auf ein Drehgestell montieren.

Experiment:
Das Fenster langsam drehen. Von einem Abstand mit einem zugekniffenen Auge betrachten.
Das Fenster dreht sich einmal nach links, dann ändert es die Drehrichtung.

Erklärung:
In Wirklichkeit ändert das Fenster die Drehrichtung nicht. Unser Auge "meint" aber etwas anderes zu sehen, weil wir nach Gewohnheit der Perspektive immer das kleinere Ende als weiter entfernt empfinden.
Das Gehirn setzt voraus, dass es sich um ein rechteckiges Fenster handelt und dass die kürzere Ecke zwangsläufig weiter entfernt ist. Das Fenster ist aber trapezförmig.

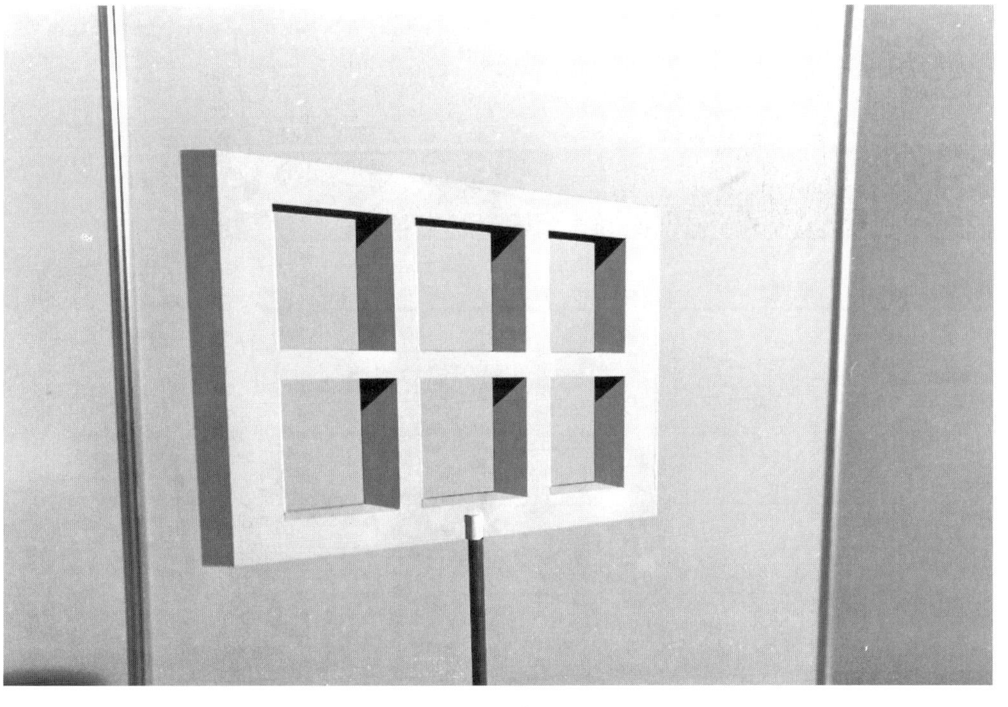

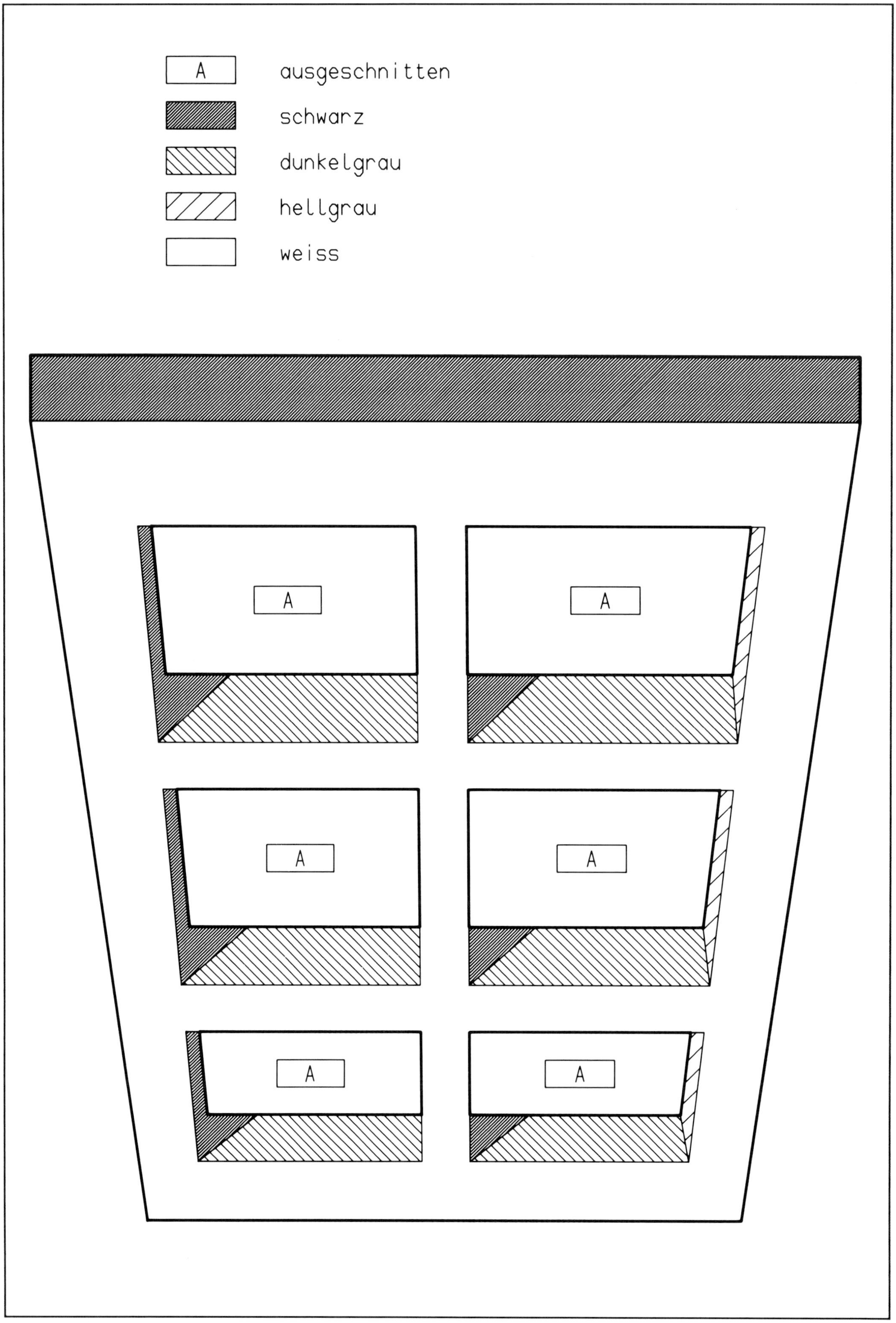
A
ausgeschnitten
schwarz
dunkelgrau
hellgrau
weiss
A
A
A
A
A
A

Illusionen

Pseudoskop

Material:
- vier Spiegel
(2 quadratische, 2 längliche)
- Sperrholz

Vorbereitung:
Spiegel auf Sperrholz leimen und rechtwinklig auf einer Grundplatte befestigen (Skizze rechts).
Zwei Gucklöcher in Augenabstand aussägen. Deckel aussägen und anleimen.

Experiment:
Durch das Pseudoskop eine sich drehende Figur betrachten. Alles dreht sich "falsch" herum, die Perspektive spielt verrückt.

Erklärung:
Das Pseudoskop erweitert den Augenabstand und tauscht linke und rechte Bildinformation aus. Vorn wird hinten, aus Vordergrund wird Hintergrund, die Perspektive wird umgekehrt.

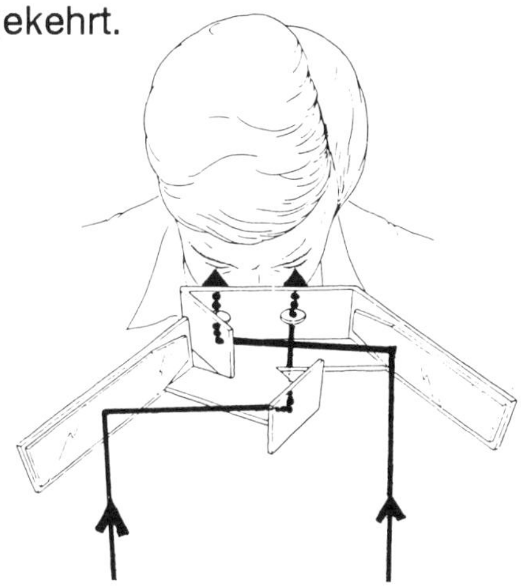

Die Ewige Treppe – 3D

Material:
- Sperrholz

Vorbereitung:
Vier "Türme" nachbauen. Nach der Perspektive exakt anordnen.

Experiment:
Von einem bestimmten Blickwinkel, mit zusammengekniffenen Augen betrachtet, erscheint Escher's "Ewige Treppe" in 3D.

Erklärung:
Dieses Experiment ist sehr schwierig nachzubauen. Es erfordert grosses modellbauerisches Können und Geschick. Deshalb lassen wir es mit den Abbildungen bewenden.

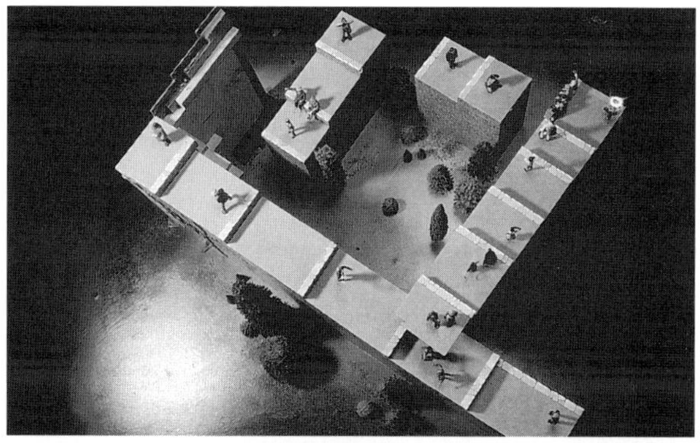

Optik

Op–Art

Material:
- zwei Glasscheiben
- Projektorfolie

Vorbereitung:
Linienmuster mit schwarzer Farbe auf eine Folie zeichnen. Die Striche müssen dieselbe Dicke und denselben Abstand aufweisen.
Eine Folie auf die andere kopieren. Beide Folien auf je eine Glasscheibe kleben. Die beiden Glasscheiben ganz leicht verschoben übereinander aufhängen.

Experiment:
Die vordere Scheibe leicht hin– und herbewegen. Ein Moiré–Bild entsteht.

Erklärung:
Bilder mit vielen Streifen "addieren" sich zu neuen Mustern. Die näher am Auge liegende Struktur erzeugt auf der Netzhaut eine grössere Abbildung. So verarbeitet das Gehirn, selbst bei geringfügigsten Unterschieden, die visuelle Information als "Interferenz–Muster", so nennt man die Ueberlagerung von Wellen.

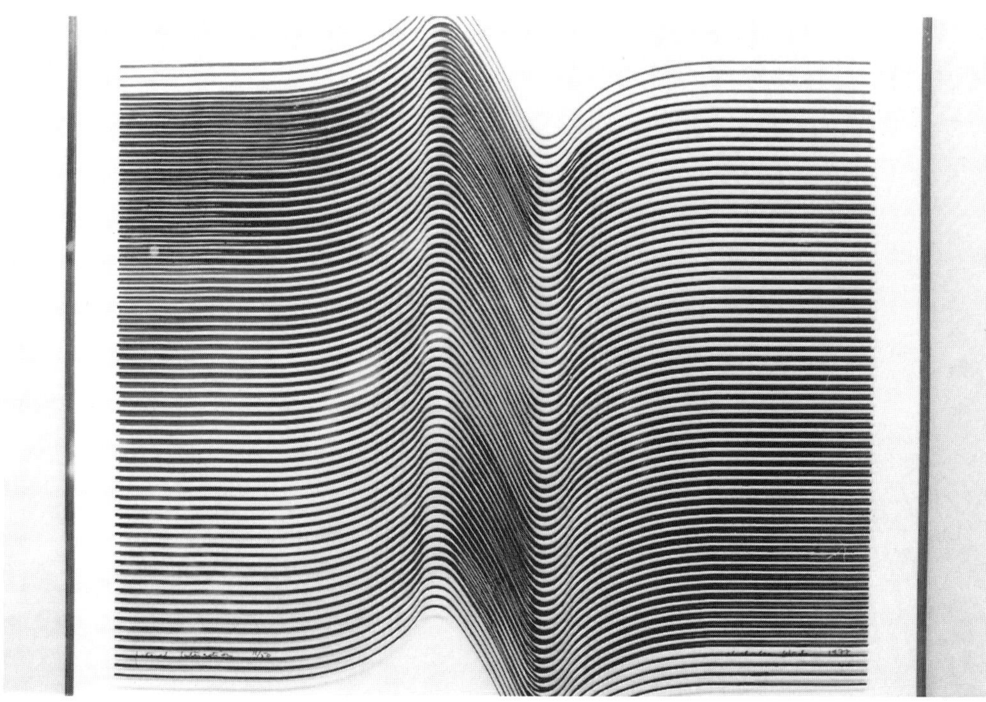

Der weltweit führende Spezialist in Sachen Moiré ist heutzutage vermutlich der schottische Professor Nicholas Wade. Er gibt Vorlesungen über Psychologie an der Universtität von Dundee, hat an der Monash University doktoriert, schliesslich am Max-Planck-Institut für Verhaltensphysiologie in Seewiesen (D) gearbeitet. Sein Forschungsgebiet ist allgemein die visuelle Wahrnehmung. Nebenbei (als Hobby) "produziert" er Gemälde, Grafiken und verbindet auch Grafik mit Fotografie. Er hatte verschiedene Ausstellungen in England und Holland. Es gibt zwei wichtige Publikationen:

"Visual Allusions"
(Pictures of Perception)
"The Art and Science
of Visual Illusions"

Die gezeigten Moirés entstammen dem letzteren Werk, mit freundlicher Genehmigung von Nicholas Wade.

Literaturverzeichnis:

Denkspiele der Welt	Eugen Oker	Heyne
Die Mathematik	David Bergamini	Life
Egyptian Life	Miriam Stead	British Museum
Grosse Physiker	Armin Hermann	Battenberg Verlag
Guiness-Buch der Rekorde 1987		Ullstein
Handbuch der Mathematik	W. Gellert	Buch und Zeit
Hieroglyphen	S. Rossini	Wasmuth Verlag
Physik	Ernst J. Feicht	Ex Libris
PM-Magazin 2/84	Ernst Deissinger	Gruner & Jahr
Polyeder-Baukasten	Mario Howald	Deyer
Rudolf Stössel	Kurt Fröhlich	Löpfe-Benz
Tal der Könige	Erik Hornung	Artemis
Topology Puzzle	Ontario Science Centre	

Bezugsquellen:

Bastelmaterial	Leibundgut, Zürich
Dichtungen	Debrunner, St.Gallen
Gummi	Gummi-Maag, St.Gallen
Metallkonstruktionen	Metallarbeiterschule, Winterthur
Schulmaterial	Schubiger, Schaffhausen
Spiegel aus Kunststoff	Imfeld AG, Industriestrasse, Sarnen
Spiegel aus Glas	im Glashandel, z.B. Grambach, St.Gallen
Vexiere	AHA-Lade, Spiegelgasse, Zürich

TECHNORAMA

Den Phänomenen auf der Spur

Technorama – das ist vor allem Technik ohne Berührungsängste. Eine Fülle von *Exponaten,* die zum Selberprobieren einladen und Aha-Erlebnisse am laufenden Band garantieren. Selbst und (vor allem) wer glaubt, keine Antenne für Technik und mit Physik nichts am Hut zu haben, lässt sich rasch und auf spielerische Weise vom Gegenteil überzeugen.

Der Tornado, eine greif- und be-greifbare Darstellung ungebändigter Kräfte der Natur. *En Miniature* zwar, aber 1:1 nach den physikalischen Gesetzen des echten Wirbelsturmes. Seit 1997 haben wir ausserdem – weltweit einmalig – einen 5 m hohen Feuer-Tornado!

Bei den meisten Objekten wird der Besucher zum Hauptdarsteller: Erst wenn er eingreift und mitspielt, erwachen die Phänobjekte zum Leben, kommt zum Aha-Effekt der ästhetische Reiz naturwissenschaftlicher Schönheit hinzu.

Ein Muss für Schulklassen von der Unterstufe bis zur Kanti: die *«Phänomenale Mathe-Magie»,* die Blitzkur für Mathematik-Muffel, Mathematik, die man in die Hand nehmen kann. Ein spannender Streifzug durch Dutzende von verblüffenden Strukturen, Geometrie- und Logikspielereien, mathematische Illusionen usw. Es gibt ihn doch, den «Königsweg» in der Mathematik. Vergnüglich und ohne Frust.

Sektor Wasser, Natur, Chaos: Die Chaostheorie, topaktuell in der Physik, wird im Spiel mit Wasserglocken, am *Turbulenten Globus* oder am «wilden» Magnet-Pendel von Professor Rott einleuchtend.

Ganz cool bleiben, selbst wenn man hautnah mit haarsträubenden 100 000 Volt in Berührung kommt!

Immer ein Hit: das Jugendlabor ...
... das komplette Experimentarium für Naturkunde: verständliche Versuche zu Physik, Chemie, Biologie.

Wer, wann, was, wie und wo

Technorama der Schweiz

Technoramastrasse 1
CH-8404 Winterthur
Tel. 052 243 05 05
Fax 052 242 29 67

Öffnungszeiten

Dienstag bis Sonntag, 10 bis 17 Uhr, an allgemeinen Feiertagen auch montags geöffnet.

*Das **Jugendlabor** ist vormittags für angemeldete Schulklassen reserviert. Ab 14.00 Uhr für das allgemeine Publikum geöffnet; Sonntag ab 12 Uhr.*

Eintrittspreise (Stand 1999)

Erwachsene	Fr. ~~15.–~~ 17.–
Kinder/Jugendliche ab 6. bis vollendetem 16. Altersjahr	Fr. ~~8.–~~ 5.–
Gruppentarife auf Anfrage	

Umfassendes Programm von Demonstrationen

- Elektrizität mit Hochspannung (zum Mitmachen)
- Laserkiosk
- Treibhauseffekt und Ozonloch
- Heissluftmotor
- Supraleitung
- Musikautomaten

Park

(von April bis Oktober geöffnet) mit Parkbahn und muskelgetriebenen Flugmotoren

Grill- und Picknickplätze

Selbstbedienungsrestaurant «Zahnredli»

Wege zum Technorama

- Hauptbahnhof Winterthur, Bus Nr. 5 bis Endstation;
  S-Bahn bis Bahnhof Oberwinterthur
- Mit dem Car/Auto: A1-Ausfahrt Oberwinterthur, Technorama-Wegweiser Richtung Stadt (knapp 2 km)

Änderungen zu allen diesen Angaben ausdrücklich vorbehalten!

Gertrud Meyer

Schuelmümpfeli

Die Autorin bietet keine fertigen Lektionen, sondern Anregungen, Ideen, Hinweise, praktische Hilfen für Lehrer/innen, aber auch für Eltern. Da werden Erfahrungs«happen» zum Thema Hausaufgaben gegeben wie auch zu den Bereichen Lesen, Mathematik, Gespräche. Es soll eine Zusammenarbeit zwischen Eltern und LehrerInnen erreicht werden.

Unterstufe

Aus dem Inhalt

1. Band

Praktisches für Lehrer/innen, Kindergärtnerinnen und Eltern
Gestaltung des ersten Schultages
Oh, diese Erstklässler!
Hilfe, ich habe eine unruhige Klasse!
Legastheniker
Schulreise
Zeugnis

A4, Br., 152 S.,
sFr./DM 35.–/ÖS 256
ISBN 3-7296-0137-1

2. Band

Lehrer und Eltern, Partner des Kindes Elternabend
Impulse von Eltern und Schülern
Feste (Weihnachten)
Projekte (Backen)
Aussteigen

A4, Br., 152 S.,
sFr./DM 35.–/ÖS 256
ISBN 3-7296-0178-4

3. Band

Handfestes für Lehrende und Lernende
Ein Tag – ein Thema
Bevor ich zur Schule ging
Trainingswochen
Nebenbeilernen
Mitarbeiterteam

A4, Br., 152 S.,
sFr./DM 35.–/ÖS 256
ISBN 3-7296-0324-8

Petra Jörg, Daniel Perrin & Co.

NetzWerkBuch Computer

«NetzWerkBuch Computer» ist auch für Computermuffel verständlich. Zum echten Werkbuch machen es die 20 Unterrichtseinheiten mit Arbeitsblättern, sogar ohne Computer leicht nachvollziehbar. Netzwerk ist hier nicht nur Thema, sondern didaktisches Programm. Es gibt nicht «noch mehr Stoff», sondern Vorschläge, die bewährten Inhalte in allen Fächern und Lebenszusammenhängen aus neuer Perspektive zu beleben.

Oberstufe
A4, Br., 144 S.,
sFr./DM 42.–/ÖS 307
ISBN 3-7296-0515-1

Gerd Oberdorfer

Phänomenale Mathe-Magie

Experimente aus dem Bereich der Mathematik

Experimente aus den Bereichen Spiegelungen, Illusion, Statik, Kristalle und Muster. Logische Spiele und Probleme laden zum gedanklichen Training ein. Geschichten aus der Mathematik geben einen Überblick auf 300'000 Jahre Menschheitsgeschichte, in der sich vom einfachen Zählen bis zur Differentialgleichung Unglaubliches abgespielt hat. Die Experimente können meist mit einfachen Mitteln hergestellt und ausprobiert werden. Eine genaue Beschreibung erleichtert den Zugang auch zu schwierigen Aufgaben.

Mittel- + Oberstufe
A4, Br., 128 S.,
sFr./DM 36.–/ÖS 263
ISBN 3-7296-0469-4

Gerd Oberdorfer

Das springende Ei

Experimente für die fünf Sinne

Dieses Buch enthält 25 spannende und unterhaltende Experimente aus den Bereichen Mechanik, Akustik, Optik, Magnetismus. Elektrizität, Biologie, Chemie, Feuer, Wasser, Luft. «Lernen durch die Sinne» und «learning by doing» sind Grundideen zu diesem Buch. Angesprochen sind neugierige Kinder und Erwachsene jeden Alters. Der Schwierigkeitsgrad ist überall angegeben – einige Experimente brauchen viel Vorarbeit und spezielles Material, bei anderen kann gleich mit dem Probieren begonnen werden.

Mittel- + Oberstufe
A4, Br., 160 S.,
sFr./DM 39.–/ÖS 285
ISBN 3-7296-0389-2

Käthi Zürcher

Werkstatt-Unterricht 1x1

Didaktisches und Praktisches

Das Arbeitsbuch bietet im ersten Teil «Didaktisches» – Ausführungen über Bedingungen und Ziele, Planung, Vorbereitung und Durchführung des Werkstatt-Unterrichts – und im zweiten Teil «Praktisches» – eine Einmaleins-Werkstatt mit allem Drum und Dran. In der Zusatzmappe finden sich «Übungsaufgaben und Kartenspiele» zu eben dieser Fertigkeitswerkstatt, die den künftigen WerkstattlehrerInnen den Einstieg in den Werkstatt-Unterricht erleichtern.

Unter- + Mittelstufe
A4, Br., 152 S.,
sFr./DM 35.–/ÖS 256
ISBN 3-7296-0240-3

Zusatzmappe

60 Ausschneide-Bögen
A4, Br.,
sFr./DM 42.–/ÖS 307
ISBN 3-7296-0241-1

WERKSTATT NATUR / WWF-COMICS

Urs Tester

Natur als Erlebnis

Mit einem selbstgebauten Periskop Tiere beobachten, eine Höhle erkunden, Ton suchen und im offenen Feuer brennen, eine Nacht im Wald verbringen ... Urs Tester hat Aktivitäten für alle vier Jahreszeiten zusammengetragen, mit dem Ziel, Kindern und jungen Erwachsenen das Abenteuer Feld und Wald näherzubringen.

Mittel- + Oberstufe
Band 1

Methodik / Spiele / Wissen
A4, Br., 170 S.,
sFr./DM 38.–/ÖS 277
ISBN 3-7296-0489-9

Band 2

Umweltbewusstsein / Naturschutz / Camp
A4, Br., 184 S.,
sFr./DM 38.–/ÖS 277
ISBN 3-7296-0490-2

Sandra Beriger

Wasserwerkstatt

«Das Buch beinhaltet 16 Themenbereiche (z.B. Wasser und Umwelt, Wasserpflanzen und -tiere, Schiffsbau, Experimente, Rechnen mit Wasser, Wassersport u.s.w.), die aus jeweils 8 Arbeitsaufträgen bestehen. Aus dieser Fülle entscheiden sich die Schüler selbstständig für einen Auftrag, versuchen die Aufgaben zu lösen und korrigieren die Antwort, die in einem Lösungscouvert beigelegt ist. Auf dem Arbeitspass zeigt der Stempel des Lehrers den Umfang der durchgeführten Arbeiten an. Individuelles Arbeiten und Sozialkompetenz (z.B. wer hilft mir bei Problemen) werden so gleichzeitig geschult.» *ökopäd News*

Mittel- + Oberstufe
A4, Br., 192 S.,
sFr./DM 42.–/ÖS 307
ISBN 3-7296-0369-8

Martin Ryser

Waldwerkstatt

«Die Sammlung enthält 40 Auftragsblätter im Format A4, die sich direkt an die Schülerinnen und Schüler wenden. 30 Kopiervorlagen beinhalten ergänzende Arbeitsunterlagen und zusätzliche Infoblätter. Zu jedem Arbeitsauftrag gesellt sich ein Didaktikblatt mit methodischen Hinweisen. Einige Beispiele aus dem abwechslungsreichen Inhalt: Blätterdrucken mit dem Stempelkissen / Das Jahrringspiel / Deine Familienmitglieder als Bäume / Unsere Waldbäume / Wie hoch ist dieser Baum? / Spuren ausgiessen / Vögel im Wald u.v.m.» *WWF*

Mittel- + Oberstufe
A4, Br., 144 S.,
sFr/DM 39.–/ÖS 285
ISBN 3-7296-0440-6

François Turrian & Pascal Stucki

Die Geheimnisse des Bodens

Auf den Spuren von Maulwurf Grabowski

«Auf den Spuren von Maulwurf Grabowski untersuchen wir das höchst interessante Lebenssystem Boden: Lebensraum für eine fantastische Vielzahl von Mikroorganismen, Pflanzen und Tieren. Er bildet das Fruchtbarkeitsreservoir aller Lebewesen, reguliert den Wasserhaushalt, reinigt das Sickerwasser, beeinflusst das Klima ... Ein liebevoll zusammengestelltes Werkbuch über ein aussergewöhnliches Thema!» *Ticket*

Mittel- + Oberstufe
Br., A4, 120 S.,
sFr. 42.–/DM 46.–/ÖS 336
ISBN 3-7296-0537-2

Stadt-Entdeckungen

Natur vor der Tür

«Die vielfältigen Aktivitäten in dem neuen Werkbuch nehmen bekannte und vertraute Orte zum Ausgangspunkt. Zu zweit oder in Gruppen werden diese nach erprobten Kriterien untersucht, beschrieben und die Ergebnisse verglichen.
Aus dem Inhalt: Meine Strasse / Zäune und Grenzen / Igeldorado / Spatz & Co. / Wildnis im Stadtteil / Unser Quartier verändert sich / Schatzsuche / Baumsafari / Verdichtet, verbaut, versiegelt / Es grünt in den Vorgärten / Ufer und Böschungen u.v.m.» *WWF*

Mittel- + Oberstufe
Br., 208 S.,
sFr. 42.–/DM 46.–/ÖS 336
ISBN 3-7296-0547-X

Gabriel & Yves Paccalet

Pottwale

Kinder des Ozeans

Erzählt wird die Geschichte des weissen Pottwals Archimedes: Er begegnet Muränen und Haien, erlebt den Tod seines Vaters durch Walfänger, irrt alleine durch die Ozeane und kehrt zur Herde zurück.

Ab 6 Jahren
Geb., 4farbig, 50 S.,
sFr/DM 29.–/ÖS 212
ISBN 3-7296 0485-6

Gabriel & Yves Paccalet

Delphine

Kinder der Wellen

Cyrano und Rosebud werden für einen Delphinzirkus gefangengenommen und dressiert. Delphinfans befreien die Tiere, und sie lernen, nach der Zähmung, wieder im weiten Meer zu leben. Wir können die Tümmler aus nächster Nähe beobachten.

Ab 6 Jahren
Geb., 4farbig, 50 S.,
sFr./DM 29.–/ÖS 212
ISBN 3-7296-0484-8

Gabriel & Yves Paccalet

Elefanten

Kinder der Savanne

In der afrikanischen Savanne wird das Elefanten-Baby Kleopatra geboren. Kleopatras Leben, von ihr selbst erzählt, ist ein Abenteuercomic der besonderen Art, aber auch ein Aufruf zum Schutz des intelligenten und grössten Landsäugetiers.

Ab 6 Jahren
Geb., 4farbig, 50 S.,
sFr./DM 29.–/ÖS 212
ISBN 3-7296-0486-4

Gabriel & Yves Paccalet

Bären

Kinder der Berge

Bärenkind Brummi schildert die tägliche Futtersuche, die Begegnungen mit anderen Tieren, Gefahren der Umwelt. Eine absolut gelungene Art der Wissensvermittlung. Die naturgetreuen, kunstvollen Zeichnungen sprechen Kinder, Jugendliche und Erwachsene an.

Ab 6 Jahren
Geb., 4farbig, 50 S.,
sFr. 29.–/DM 32.–/ÖS 234
ISBN 3-7296-0535-6

Gabriel & Yves Paccalet

Wölfe

Kinder der Wälder

In der Landschaft der Taiga mit ihrem Reichtum an Pflanzen und Tieren lernen wir die Freuden und Nöte des heranwachsenden Wolfes Goldkopf kennen. Der vorliegende Band leistet einen notwendigen Beitrag zur besseren Akzeptanz des Wolfes in der modernen Welt.

Ab 6 Jahren
Geb., 4farbig, 50 S.,
sFr./ 29.–/DM 32.–/ÖS 234
ISBN 3-7296-0567-4

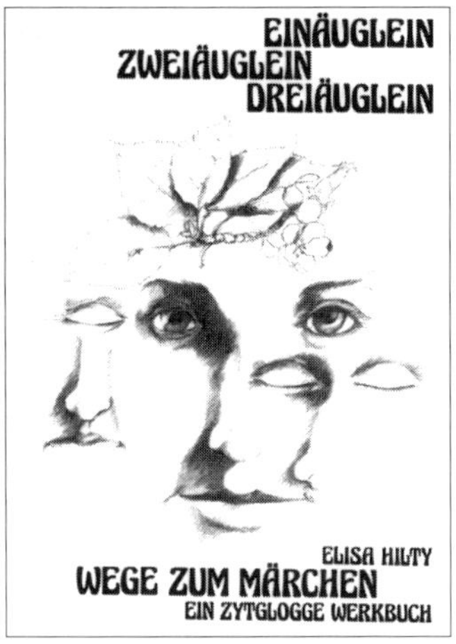

Elisa Hilty

Einäuglein Zweiäuglein Dreiäuglein

Wege zum Märchen

Die Autorin zeigt den Stellenwert des Märchens im Leben des Kindes auf. Man kann das Buch wie einen Zaubertrank zu sich nehmen und wird das Glas kaum zwischendurch abstellen. Dabei ist der Inhalt klar und einfach strukturiert. Der Band kann allen, die mit Kindern zu tun haben, bestens empfohlen werden.

Kiga + Unterstufe
A4, Br., 136 S.,
sFr./DM 42.–/ÖS 307
ISBN 3-7296-0291-8

Ruth Daellenbach (Hrsg.)

fremd

Werkbuch gegen Rassismus

Im 1. Teil werden 15 Comics zum Thema kommentiert. Der didaktische 2. Teil zeigt, wie die Thematik im Unterricht angegangen werden kann. Eingesetzt werden Polaroidkamera, Tonbandgerät, Familienfotos, Zeitungen, Videos. Dank den leicht verständlichen Thesen und den illustrativen Comics können Vorurteile und Mechanismen der Ausgrenzung aufgespürt werden.

Mittel- + Oberstufe
A4, 4farbig, Br., 112 S.,
sFr./DM 38.–/ÖS 277
ISBN 3-7296-0504-6

Esther Bisset / Martin Palmer

Die Regenbogenschlange

Geschichten vom Anfang der Welt und von der Kostbarkeit der Erde

Dieses Buch wurde für den WWF verfasst, um das Umweltbewusstsein an den Schulen in verschiedenen Unterrichtsbereichen (Religion, Geografie, Geschichte, Naturkunde, Ökologie, Ethik) zu fördern. Es spielt eine wichtige Rolle bei der Erziehung zur Toleranz gegenüber anderen Kulturen und Rassen und zum rücksichtsvollen Umgang mit der Natur.

Für 9 – 13jährige
Br., 102 S.,
sFr./DM 32.–/ÖS 234
ISBN 3-7296-0259-4

Gisela Gehring / Madeleine Marbot

Wir lassen Rollen rollen

Berufs- und Geschlechterrollen in Kindergarten und Unterstufe

Jugendliche sollten dazu animiert werden, auch untypische Berufswünsche zu äussern. Doch müsste früher damit angefangen werden, wenn die Kinder noch offen sind für alles, damit die Chancengleichheit zum Tragen kommt. Das Werkbuch beginnt auf vertrautem Boden – beim Haushalt, bei den Berufen der Eltern – und endet mit dem Traumberuf.

Kiga + Unterstufe
Br., 168 S., mit CD,
sFr. 40.–/DM 44.–/ÖS 321
ISBN 3-7296-0548-8

Hansheinrich Rütimann

Sprachentdecker

Eine Grammatik-Werkstatt

Vorgestellt wird das Modell einer phantasievoll gestalteten 3-Phasen-Werkstatt, in der Grammatik auf neue, unkonventionelle Art vermittelt wird. Kinder sind die grössten Entdecker, Sprache kann zum Abenteuer werden. Im Mittelpunkt stehen nicht Sprachlehre, Regeln und System, sondern das Phänomen, wie Sprache gegenständlich begreifbar funktioniert.

Unter- + Mittelstufe
A4, Br., 192 S.,
sFr./DM 47.–/ÖS 3437
ISBN 3-7296-0458-9

Hansheinrich Rütimann

Die Lesestadt

Spiele, die auf der Hand liegen

Den Kindern wird ein anderer Zugang zum Lesenlernen eröffnet. Anreiz ist das topographische Erlebnis von Buchstabe und Schriftsprache – die Kinder bewegen sich zwischen Wörterhäusern und Silbenfenstern u.ä. Anliegen ist, im Umgang mit geschriebener Sprache etwas greifbar zu machen, damit es begriffen werden kann und Kinder handelnd lesen lernen. Ein sehr erfolgversprechendes Konzept.

Unter- + Mittelstufe
A4, Br., 192 S.,
sFr./DM 43.–/ÖS 314
ISBN 3-7296-0320-5

Christa und Emil Zopfi

Wörter mit Flügeln

Kreatives Schreiben

Die Autoren bieten eine Fülle verschiedenster Einstiegsmöglichkeiten und Sensibilisierungsübungen. Sie zeigen unübliche Wege auf, von der Idee übers Entwerfen bis zum Veröffentlichen der Texte. Wir lernen, Schreibblockaden zu überwinden und den eigenen Stil zu finden. Textproben aus Kursen mit Erwachsenen, Kindern und Jugendlichen illustrieren die Trainingsmöglichkeiten und machen das Werkbuch auch zu einem Lesebuch.

Alle Stufen
A4, Br., 128 S.,
sFr./DM 39.–/ÖS 285
ISBN 3-7296-0505-4

Martin Keller

Gedichtwerkstatt

Ein Einstieg in die Welt der Poesie

Entdeckend, lesend, zeichnerisch-gestaltend, mit Rock, Rap oder Klassik, im Schulzimmer und draussen erleben Martin Kellers Schülerinnen und Schüler die vielfältige Welt der Gedichte. Gefragt ist Selbsttätigkeit und handelndes Lernen, selten wird eine vorgegebene Lösung angepeilt. Die Gedichtwerkstatt besteht aus über 50 Arbeitsblättern. Auf dieser Schatzkiste von Vorschlägen kann aufgebaut werden.

Oberstufe
A4, Br., 98 S.,
sFr. 39.–/DM 43.–/ÖS 314
ISBN 3-7296-0516-X

ZYTGLOGGE WERKBUCH

ERHÄLTLICH IN IHRER BUCHHANDLUNG

Bettina Egger
Bilder verstehen

Wahrnehmung und Entwicklung der bildnerischen Sprache

«Zeichnen und Malen sind Ausdrucksform für den momentanen psychisch-physischen Zustand wie Erinnerung an die Vergangenheit. Bettina Egger zeigt diese Urformen an Bildbeispielen von zeitgenössischen Künstlern, anhand der figurativen Phasen von Kindern und in Ausdrucksbildern von Erwachsenen auf.» *ZZ*

A4, Br., 168 S.,
sFr./DM 35.–/ÖS 256
ISBN 3-7296-0183-0

Bettina Egger
Malen als Lernhilfe

Malen und bildnerisches Gestalten mit verschiedenen Materialien

«Bildnerisches Gestalten auf Vorschul-, Kindergarten- und Primarschulunterstufe, besonders auch für die Arbeit mit geistig und körperlich behinderten Kindern. Ein faszinierendes Buch, eine eigentliche Pädagogik des Malens.» *E.B.*

A4, Br., 136 S.,
sFr./DM 35.–/ÖS 256
ISBN 3-7296-0150-4

Bettina Egger
Faszination Malen

Praktisches, Erzieherisches, Anregendes

Malen und die Malergebnisse als Prozess akzeptieren, nicht deutend oder unter entwicklungspsychologischen Gesichtspunkten einordnend. Anregungen, aber auch Hinweise auf die Schwierigkeiten, die bei der Einrichtung eines Malraumes auftreten können.

A4, Br., 168 S.,
sFr./DM 35.–/ÖS 256
ISBN 3-7296-0106-7

Räumliches Gestalten
Chnuuschte chnätte chnüble

Ein Ideenbündel für alle, die in Kindergarten, Schule oder zuhause kreativ arbeiten möchten. Konkrete Themen sind u.a.: Spukkabinett, Tastkasten, Bäckerfreuden, Lieblingsessen, Marionetten aus Schwemmholz, Hexenhäuser und Fahrzeuge aus Kartons, Pappmaschee-Hüte, grosse Tiere, WC-Rollen-Happening, Laternen, Masken, Irrgärten, Krachmaschinen etc.

Alle Stufen
A4, Br., 152 S.,
sFr./DM 35.–/ÖS 256
ISBN 3-7296-0104-0

Elemente Wasser Luft Erde Feuer

Werkschachtel

Die vier Elemente Feuer, Wasser, Erde, Luft – lebendig und verspielt, auf losen Blättern, bedruckt und illustriert mit Gedichten, Liedern, Sprichwörtern, Zeichnungen und unerschöpflich vielen Arbeitsanleitungen für einen kreativen, sinnlichen Unterricht. Ideal für alle, die sich für den Umgang mit natürlichen Materialien interessieren, ideal auch für den fächerübergreifenden Unterricht.

Unter- + Mittelstufe
150 Arbeitsblätter in Schachtel
sFr./DM 49.–/ÖS 358
ISBN 3-7296-0372-8

Mit Herz und Hand

Notizen zum Menschenzeichnen

Zuerst werden Einstiegsmöglichkeiten zum Thema dargestellt: Bildbetrachtungen, Spielformen, sprachliche Einstiege, die sich auch in anderen Fächern bewähren, überall dort, wo sich Menschen mit dem Thema «Mensch in der Gruppe» befassen. Es folgen Arbeitsvorschläge: Schattenrisse, Arbeiten mit Ton, Linolschnitt, Maskenbau, Spielaktionen usw.

1.–9. Klasse
A4, Br., 152 S.,
sFr./DM 35.–/ÖS 256
ISBN 3-7296-0213-6

Kinder können das

Vom Raum zur Fläche

Impulse nicht nur für den Zeichenunterricht, sondern auch Ideen für Spiele, Theater, Tanz, Sprache und Werken. Es macht Mut und Lust, Neues und Unkonventionelles zu wagen. Probleme werden projektartig von verschiedenen Seiten angepackt.
Im Anhang sind übersichtlich technische Angaben für besondere Arbeitsvorgänge zusammengestellt.

Alle Stufen
A4, Br., 168 S.,
sFr./DM 35.–/ÖS 256
ISBN 3-7296-0136-9

Thomas Lüchinger
Intuitiv zeichnen

Zeichnen mit allen Sinnen

Zeichnen wird bei Thomas Lüchinger zu einer Reise, die unendlich viele Möglichkeiten eröffnet. Das Buch enthält erprobte Übungen, die zum Experimentieren mit verschiedensten Objekten, Materialien und Situationen anregen, zum spielerischen und sorgfältigen Umgang mit dem Sehen, mit sich selbst und den anderen. Ein Buch für alle, die Zeichnen lernen wollen als Ausdruck von Hingabe, Spiel und Improvisation.

Oberstufe
A4, Br., 160 S.,
sFr./DM 42.–/ÖS 307
ISBN 3-7296-0506-2

Madeleine Mahler
Tanz als Ausdruck und Erfahrung

Die Tanzpädagogin Madeleine Mahler zeigt, wie mit dem Tanz aus eigenem Erleben Bewegungsfreude entstehen kann. Den Hauptteil des Buches nehmen die Beschreibungen von vier Tanz-Zyklen ein, als Einstimmung werden die passenden Improvisationen aufgeführt, die Musikstücke werden nach Pulsschlägen ausgezählt und dazu die Bewegungsabläufe notiert. Ein anregendes Buch, das den Weg zu eigenem Gestalten weisen kann.

Oberstufe
A4, Br., 128 S.,
sFr./DM 35.–/ÖS 256
ISBN 3-7296-0242-X

Madeleine Mahler
Kreativer Tanz

Der kreative Tanz schult und formt mit Hilfe von Bewegungsübungen den Körper auf eine spielerische Art. Madeleine Mahler bietet eine Vielfalt von Möglichkeiten der Lektionsgestaltung. Dabei fällt das Wechselspiel zwischen Improvisation und Gestaltung besonders auf. Trotz der Vielseitigkeit hat dieses Werkbuch einen klaren Aufbau. Viele Skizzen und Fotos laden zum Ausprobieren ein.

Oberstufe
A4, Br., 120 S.,
sFr./DM 35.–/ÖS 256
ISBN 3-7296-0103-2

Tanzen in Schule und Freizeit
Tanzchuchi

Einführung in die Grundlagen des kreativen Tanzes, der Bewegung und Gestaltung, 60 Tanzbeschreibungen. Einheimische Tanzformen schlagen die Brücke zwischen Volkstänzen aus aller Welt und modernen Popformen. Im methodischen Teil sind Hinweise für die Erarbeitung der dargestellten Bewegungsformen enthalten.

Alle Stufen
A4, Br., 208 S.,
sFr./DM 39.–/ÖS 285
ISBN 3-7296-0129-6
Begleit-CD/MC mit 15 Beispielen
CD 4233, sFr./DM 29.–/ÖS 212
MC 1233, sFr./DM 20.–/ÖS 146

Adelheid Ohlig & Team
Yoga ist (k)ein Kinderspiel

Yoga zuhause, im Kindergarten, in der Schule. Übungsbeispiele, verknüpft mit Anregungen, wie die Bedürfnisse und Fähigkeiten der Kinder berücksichtigt werden können.
«Die Autorinnen und der Autor haben einen freien Weg für die vielseitigen Möglichkeiten des Yoga gesucht. Der vorliegende, sorgfältig gestaltete Band eignet sich auch für Erwachsene, die mit Yoga erst anfangen oder es mit Kindern teilen wollen.» *Biblioram*

Ab 4 Jahren
Br., 156 S.,
sFr./DM 36.–/ÖS 263
ISBN 3-7296-0446-5

Ulrike Meyerholz/Susi Reichle-Ernst
Einfach lostanzen

Dieses Buch und die beigefügte CD bieten eine Fülle von Anregungen, die für jegliche Art von Bewegungsunterricht, vom Turnsport bis zum modernen Ausdruckstanz geeignet sind. Einzel-, Paar- und Gruppenaufgaben bieten Kindern ab 10 Jahren, Jugendlichen und Erwachsenen Tips zur spielerischen Improvisation und Bewegungsgestaltung. Die klare Beschreibung verspricht eine unkomplizierte Handhabung.

Ab 10 Jahren
A4, Br., 160 S., inkl. CD,
sFr./DM 59.–/ÖS 431
ISBN 3-7296-0429-5

Ulrike Meyerholz/Susi Reichle-Ernst
Heisse Füsse, Zaubergrüsse

Ein neues Werkbuch der Erfolgsautorinnen Meyerholz/Reichle («Einfach lostanzen»). Diesmal für die Unterstufe (4 – 10 Jahre), wieder mit Begleit-CD, deren Melodien zum Erzählen und Fantasieren verführen und deren unterschiedlichste Rhythmen Kinder und LehrerInnen anregen, freie und choreographierte Bewegungen spielerisch einzuüben. – Von der pantomimischen Improvisation über das ausgelassene Herumtoben bis zur einstudierten kleinen Theatervorstellung.

Von 4 – 10 Jahren
A4, Br., 144 S., inkl. CD,
sFr./DM 59.–/ÖS 431
ISBN 3-7296-0565-8

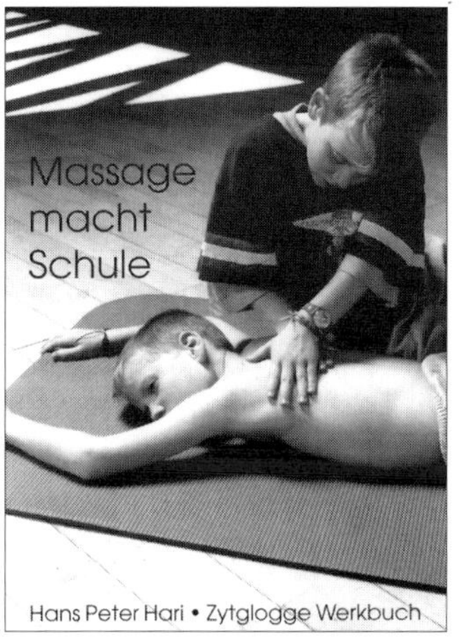

Hans Peter Hari
Massage macht Schule

Die grundlegenden Elemente der Massage können in wenigen Stunden erlernt werden. Das Werkbuch bietet einen guten Einstieg und eine umfassende Palette von Anwendungsmöglichkeiten. Eltern massieren ihre Kinder – und umgekehrt, Massage in Kindergarten und Schule macht immer mehr Schule. Jugendliche werden mit dem Körper, der Welt der Gefühle und körperorientierter Selbsterfahrung konfrontiert.

Alle Stufen
A4, Br., 128 S.,
sFr. 42.–/DM 46.–/ÖS 336
ISBN 3-7296-0514-3

Schultheater

«Theaterspiel wird heute immer mehr als integrierender Teil des Schulalltags empfunden, und dies nicht nur im Deutschunterricht, sondern als fächerübergreifende Möglichkeit. Die Schultheater-Bände zeigen die vielfältigen Wegе auf, wie in einer Klasse Theater gespielt werden kann. Dazu gehören das Spiel mit Masken oder Schatten, mit improvisierten Tücherpuppen oder Stabfiguren, ganz zu schweigen von anderen Ausdrucksmitteln wie Tanz oder Pantomime.»

Westermann Päd. Beiträge

Mittel- + Oberstufe

Band 1
Porträts und Materialien
A4, Br., 200 S.,
sFr./DM 35.–/ÖS 256
ISBN 3-7296-0057-5

Band 2
Projekte, Stücke, Arbeitsweisen
A4, Br., 200 S.,
sFr./DM 35.–/ÖS 256
ISBN 3-7296-0075-3

Band 3
Spiele ohne Aufwand
A4, Br., 240 S.,
sFr./DM 35.–/ÖS 256
ISBN 3-7296-0102-4

Band 4
Märchenhafte Wirklichkeit
A4, Br., 152 S.,
sFr./DM 35.–/ÖS 256
ISBN 3-7296-0212-8

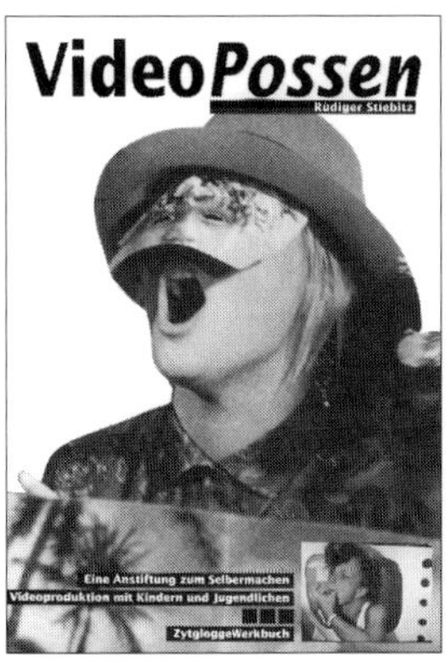

Rüdiger Stiebitz

VideoPossen

Hier werden ungenutzte Möglichkeiten des Mediums Video aufgezeigt. Die Interaktion mit dem Monitor macht klar, dass es auch anders geht – ohne Technik, Drehbuch, Filmsprache, Schnitt. Das ganze Prozedere wird ins Vorfeld der Kamera verlegt, wo z.B. Kartontheater gespielt wird und reale Personen reden, als ob sie aus dem gleichen Stoff wären. Das vorgeschlagene Verfahren ist bei der Arbeit mit jungen Menschen sehr vorteilhaft. Überraschende Lösungen lassen die Ängste vor dem eigenen Tun schnell verfliegen.

Mittel- + Oberstufe
A4, Br., 128 S.,
sFr./DM 39.–/ÖS 285
ISBN 3-7296-0430-9

Jeux Dramatiques 1 Ausdrucksspiel aus dem Erleben

Dieser Band bietet praktisch erprobte Einstiegsspiele und protokollarisch geschilderte Ausdrucksspiele mit und ohne Textvorlagen oder zu bestimmten Musikstücken und Klangbildern. Der reich illustrierte Band ist eine ideale Einführung in die Technik der «Jeux Dramatiques».

Mittel- + Oberstufe
A4, Br., 160 S.,
sFr./DM 35.–/ÖS 256
ISBN 3-7296-0184-9

Heidi Frei

Jeux Dramatiques mit Kindern 2

Die Autorin befasst sich mit der Spielpraxis in Kindergarten, Spielgruppen, Schule und Freizeit. Es ergänzt das erste Buch und richtet sich an alle Lehrkräfte, ErzieherInnen und Eltern, die mit Menschen im Alter von 5 bis 12 spielen möchten. Arbeitsblätter geben Hilfe für Vorbereitung und Durchführung verschiedenster Spielformen und -ideen sowie methodische Tips.

Kiga, Unter- + Mittelstufe
A4, Br., 160 S.,
sFr./DM 39.–/ÖS 285
ISBN 3-7296-0341-8

Martin Kesselring

Saiteninstrumente selbst gebaut 1

Musiktheoretische Grundlagen über Dreiklänge; Griffbretter und Saiten; Werkstoffe und Werkzeuge; Verfahren und Tips; Problemstellungen und Improvisationen am Beispiel von Zupfinstrumenten (Psalter, Türharfe); Bauanleitungen und -pläne zu Monochord, Dulcimer, Saitentamburin sowie Hackbrett. Mit 8 Bauplänen.

Oberstufe
A4, Br., 160 S.,
sFr./DM 43.–/ÖS 314
ISBN 3-7296-0418-X

Martin Kesselring

Saiteninstrumente selbst gebaut 2

– Theoretische Grundlagen: Stimmungen wichtiger Saiteninstrumente, Proportionen und Intervalle, Werkzeuge, Schablonen, Bohrlehren und Bauformen, Verfahren
– Beispiele Instrumentenbau: Scheitholt, Konzert-, Akkord-, Violin- und Halszither, Klein-Hackbrett, Banjo, Gitarre etc.
– Reparaturen und Restaurationen. Mit 16 Bauplänen.

Oberstufe
A4, Br., 192 S.,
sFr./DM 49.–/ÖS 358
ISBN 3-7296-0340-X

Schulmusik konkret 1 & 2

Vielseitige Anregungen und Informationen aus der Praxis. Musik wird durch Singen, Spielen, Bewegen, Improvisieren in und mit einem breiten Musiziergut erlebt, welches sowohl aus der historischen wie auch aus der aktuellen Musikwirklichkeit stammt.

Alle Stufen

Band 1
– Grundlagen und praktisches Musizieren:
Stimmpflege, Singen, Musizieren, Bewegen, Populäre Musik.
– Musikkunde:
Instrumentenkunde, Werkbetrachtung, Funktionen und Wirkungen der Musik.
A4, Br., 212 S.,
sFr./DM 42.–/ÖS 307
ISBN 3-7296-0412-0

Band 2
– Musiklehre
– Unterrichtslehre
– Unterrichtsformen
A4, Br., 232 S.,
sFr./DM 42.–/ÖS 307
ISBN 3-7296-0413-9

Begleit-CD zu beiden Bänden
Doppel-CD,
sFr./DM 48.–/ÖS 350
Zyt 4291

Aus dem mittelalterlichen Leben 1

Auf dem Lande

Ein Team von Historikern, Lehrern und Praktikern hat eine didaktisch aufgebaute, vernetzte Lern- und Lehrhilfe geschaffen. Anhand von Lebensbildern wird die mittelalterliche Welt dargestellt: Vom Urwald zum Kulturland. Der Bauer und seine Arbeit. Der Ritter, seine Funktionen, seine Rechte. Das Kloster, die Nonnen und Mönche und ihr Alltag. Diese «Leitbilder» werden nicht einäugig präsentiert, sondern in der Gesamtheit, in den Wechselwirkungen und Abhängigkeiten aller untereinander gezeigt.

Mittelstufe
A4, Br., 128 S.,
sFr. / DM 35.– / ÖS 256
ISBN 3-7296-0215-2

Aus dem mittelalterlichen Leben 2

In der Stadt

Wie «Auf dem Lande» ist auch Band 2 aufgebaut: Städtegründungen im Mittelalter. Die Entwicklung zum Gemeinwesen. Wohnen und Leben, Rechte und Freiheiten, Pflichten, innere Bedrohungen (z.B. Feuersbrünste). Die Bedeutung und Funktion der Handwerker und Zünfte. Die Märkte, Handel und Fernhandel. Das Geld, Abgabe und Zölle. Die zwei Arbeitsbücher sind nicht einfach Geschichtslesebücher, sondern Grundlage. Die vielen Frage- und Arbeitsblätter laden zum aktiven Mitdenken ein.

Mittelstufe
A4, Br., 128 S.,
sFr. / DM 35.– / ÖS 256
ISBN 3-7296-0216-0

Aus der frühen Schweizer Geschichte

Anfänge

Die Autoren Rudolf Hadorn, Jürg Minnier und Beat Salzmann bleiben ihrem bisherigen Konzept treu: alltägliches Leben der damaligen Bevölkerung ist mindestens so wichtig wie die Berücksichtigung grosser Persönlichkeiten oder wichtiger Ereignisse.
Inhalt: Handel und Verkehr. Handelsräume und Handelswaren. Verkehrsverhältnisse im Mittelalter. Der Gotthard: Vom Saumpfad zur Alpentransversale. Gewalt und Recht. Immer wieder Krieg. Verträge und Bündnisse. Vermittlung und Schiedsgericht.

Mittelstufe
A4., Br., 168 S.,
sFr. / DM 35.– / ÖS 256
ISBN 3-7296-0239-X

Simona Babst / Hape Köhli

RitterZeit

Mittelalter-Werkstatt mit Lesekartei

Werkstatt mit 49 Aufträgen, Kopiervorlagen und Lernkontrollen. Im 2. Teil eine Lesekartei zum Jugendroman «Jaromir bei den Rittern» von Heinrich Wiesner.
Aus dem Inhalt: Teile der Burg, Werdegang des Ritters, Rüstung und Bewaffnung, Ritterwappen und Heraldik, Falknerei und Jagd, Würfelspiele, Minnesang und Instrumente, Belagerungsmaschinen und Fallen, Fabelwesen und Monster der Ritterzeit.

Mittelstufe
A4, Br., 144 S.,
sFr. 42.– / DM 46.– / ÖS 336
ISBN 3-7296-0583-6

Higi Heiniger / Martin Diem

Muesch nid pressiere

Noten und Notizen zum Berner Mundartrock

«Higi Heilinger und Martin Diem haben eine Art Geschichte der Berner Rockmusik geschrieben, die von den Anfängen berichtet, von den Berner Troubadours bis zu den neueren Exponenten Züri West, Patent Ochsner, Stephan Eicher. Der Theorieteil ist spannend zum Lesen, ergänzt wird er durch den praktischen Teil mit zwanzig Ohrwürmern des Berner Rock.
Zum Buch gehören auch zwei CDs, die eine mit den Originalsongs, die andere eine Analyse-CD. *ej, ‹DAZ›*

Oberstufe
A4, Br., 176 S., mit 2 CDs
sFr. / DM 54.– / ÖS 384
ISBN 3-7296-0447-3

Peter Reber

Myni Lieder

«Peter Reber hat für dieses Songbuch 25 seiner bekanntesten Lieder aus den letzten drei Programmen neu arrangiert. Einfacher Klaviersatz, Gitarrengriffe und eine Begleit-CD mit den Klavierversionen ermöglichen Anfängern und Fans einen raschen Einstieg und unkompliziertes Mitsingen. Die ‹Beigaben› erzählen uns von Segelabenteuern, die den Berner Musiker und seine Familie während sechs Jahren von tropischen Gefilden bis ins ewige Eis Alaskas führten.»
Der Musikmarkt

Unter- + Mittelstufe
A4, Br., 88 S., inkl. CD,
sFr. / DM 38.– / ÖS 277
ISBN 3-7296-0474-0

Märku Hafner

Mit Musig ungerwägs

«Märku Hafner zählt zu den Volksmusikern, die nicht nur Musik machen, sondern Volksmusik leben. In seinem Buch sind nun 59 Lieder und Tänze für greifbare, transportierbare Instrumente bearbeitet. Dazu 12 Tanzbeschreibungen und viele Geschichten.
Die vorliegenden Bearbeitungen wollen anregen und lassen Eigenkreativität, andere Stimmführungen, Harmonien, Tempi und Instrumentierungen durchaus zu.» *‹folk-michel›*

Oberstufe
A4, Br., 176 S.,
sFr. / DM 43.– / ÖS 314
ISBN 3-7296-0461-9

Lorenz Mühlemann

Die Zither in der Schweiz

Erstmals wird hier die Geschichte der Zither in der Schweiz von den Anfängen bis zur Gegenwart umfassend dargestellt. Der Autor hat ein populärwissenschaftliches Werk mit Nachhaltigkeit geschaffen, ein Buch für all jene, die sich in irgendeiner Weise mit der Zither beschäftigen, als Informationsquelle und Fundgrube. Sorgfältig gestaltet und gediegen illustriert, ist es auch ein wertvolles Geschenkbuch.

Oberstufe
A4, Geb., 160 S.,
sFr. 54.– / DM 59.– / ÖS 431
ISBN 3-7296-0584-4